综合气象观测技术保障培训系列教材

土壤水分自动观测

主　编：敖振浪

副主编：黄飞龙　谭鉴荣

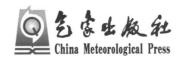

气象出版社
China Meteorological Press

内容简介

本书为《综合气象观测技术保障培训系列教材》之一,共分9章,内容包括了土壤学的基础知识、探测传感器、探测系统、管理规范、设备安装、土壤参数测量与数据订正、软件使用、维护与故障维修等方面的内容。本书可供从事农业气象观测业务和气象设备保障的技术人员员学习,也可供相关科研人员参考。

图书在版编目(CIP)数据

土壤水分自动观测 / 敖振浪主编. -- 北京:气象
出版社,2017.3

ISBN 978-7-5029-6451-1

Ⅰ.①土… Ⅱ.①敖… Ⅲ.①土壤水-观测 Ⅳ.
①S152.7

中国版本图书馆 CIP 数据核字(2017)第 048401 号

Turang Shuifen Zidong Guance

土壤水分自动观测

敖振浪 主编

出版发行:气象出版社

地　　址:北京市海淀区中关村南大街 46 号　　　　**邮政编码**:100081

电　　话:010-68407112(总编室)　010-68408042(发行部)

网　　址:http://www.qxcbs.com　　　　**E-mail**:　qxcbs@cma.gov.cn

责任编辑:王凌霄　吴晓鹏　　　　**终　　审**:邵俊年

责任校对:王丽梅　　　　**责任技编**:赵相宁

封面设计:易普锐创意

印　　刷:北京中新伟业印刷有限公司

开　　本:787 mm×1092 mm　1/16　　　　**印　　张**:6.5

字　　数:170 千字　　　　**彩　　插**:1

版　　次:2017 年 3 月第 1 版　　　　**印　　次**:2017 年 3 月第 1 次印刷

定　　价:30.00 元

编委会

序

　　气象探测是开展天气预报预警、气候预测预估、气象服务和气象科学研究的基础，是推动气象科学发展的动力。随着社会经济快速发展，人民生命财产安全对气象服务的要求达到了前所未有的高度。面对新任务、新需求，面对极端气象灾害多发、频发、重发的严峻考验，中国气象局准确把握当前时代特征和世界发展趋势，领导各级气象干部职工全面推进气象现代化建设，在我国气象事业发展历史进程中谱写了新的篇章。在气象现代化建设中，中国气象局树立"公共气象、安全气象、资源气象"的发展理念，确立了建设具有世界先进水平的气象现代化体系，实现"一流装备、一流技术、一流人才、一流台站"的战略目标，明确了不断提高"气象预测预报能力、气象防灾减灾能力、应对气候变化能力、开发利用气候资源能力"的战略任务，形成了现代气象业务体系、气象科技创新体系、气象人才体系构成的气象现代化体系新格局。

　　经过近三十年的发展，我国气象现代化建设取得了丰硕成果。实施了气象卫星、新一代天气雷达、气象监测与灾害预警等重大工程。成功发射4颗气象卫星，实现了极轨气象卫星技术升级换代和卫星组网观测、静止气象卫星双星观测和在轨备份。建成了由180多部新一代天气雷达组成的雷达探测网，基本形成风廓线雷达局部探测业务试验网，全面实现高空探测技术换代。地面气象基本要素实现观测自动化，自动气象站覆盖了全国85%以上乡镇，数量达到5万多个。建成了400座风能观测塔、1210个自动土壤水分观测站、485个全球定位系统大气水汽观测站、10个空间天气观测站，实现了大气成分的在线观测。建成全国雷电监测网。启动了海洋气象观测系统建设，建成了浮标站、船舶观测站和海上石油平台观测站。建立了全国基本观测业务设备运行监控系统和气象技术装备保障体系。

　　广东是我国改革开放前沿阵地，广东气象人解放思想、实事求是、与时俱进，瞄准世界先进水平，高起点、高标准，把气象现代化建设推进到新的高度，建成了国际先进的现代化探测网。探测网包括了12部新一代天气雷达、4部L波段探空雷达、86个国家级自动气象站、2400多个区域自动气象站、16部风廓线雷达、28个闪电定位仪、32个GPS/MET水汽探测站、31个土壤水分站、4个浮标站、3个石油平台自动气象站、2个船舶自动气象站、8个大气成分站，形成了一个高时空密度的现代化综合天气探测网，为气象预报预警和气象服务发挥了重大作用。

　　大量各种各样气象探测设备建成和应用，设备能否稳定可靠地运行，准确获取气象资料，技术保障工作至关重要。为了管理和维护好全省综合气象探测网，发挥其在气象预报、服务、科研和防灾减灾工作中的重要作用，发挥投资效益，需要广大气象装备技术保障人员认真做好各类气象装备的维护保障工作。做好维护保障工作离不开一支高素质的人才队伍。为了适应这一需要，广东省大气探测技术中心组织气象探测和装备保障领域的专家以及一线技术骨干组成编写组，在总结各类气象装备的原理设计、安装调试和维修维护的实践经验基础上，编写成这套《综合气象观测技术保障培训系列教材》。

　　教材集中了气象装备保障一线的维修维护、科研、业务、设计、生产领域相关技术人员和专家的智慧,是编写组成员付出大量辛勤劳动的结晶。教材内容深入浅出,理论联系实际,既有较高的理论水平,又有很强的实用性。内容图文并茂,既有原理描述又有典型故障案例分析,有助于技术保障人员快速了解和掌握维修诊断技术及处理方法,也是综合气象观测人员一本不可多得的实用工具书。

期待并相信这套系列教材能够对气象探测及装备保障人员的上岗培训及实际业务工作具有较好的参考价值,培养出一批高素质高水平的综合气象观测方面的人才,快速、高效、高质量地完成气象装备保障任务,为率先实现气象现代化做出积极贡献。

许永锞

2014 年 7 月

前　　言

　　广东省地形以山地、丘陵为主,其光热条件适宜香蕉、荔枝、龙眼、菠萝、甘蔗、橡胶、剑麻等喜温经济作物的生产,也使其成为国内冬季重要的北运蔬菜生产基地。积极合理有效地利用外资,加强农业的对外经济技术交流和合作,是广东发展农业经济的重要途径。然而近年来,旱灾频繁发生,受旱面积和旱灾损失不断扩大,干旱缺水已成为制约农业生产和可持续发展的重要因素。

　　为贯彻落实《国家粮食安全中长期发展规划纲要(2008—2020年)》和《中共中央　国务院关于加大统筹城乡发展力度进一步夯实农业农村发展基础的若干意见》的文件精神,按照国务院常务会议讨论通过的《全国新增1000亿斤粮食生产能力规划(2009—2020年)》中对农业气象保障工作提出的要求,气象部门将以粮食生产核心区和非主产区产粮大县为重点,加强农业气象灾害监测和预报预警与评估工作,提高农业气象灾害防御能力,保障国家粮食生产安全。开展土壤墒情监测,及时掌握土壤墒情变化情况,是农业抗旱减灾、指导农业科学用水的前提和基础。

　　土壤水分含量的测定方法有多种,如烘干法、中子法、时域反射法、γ射线法、张力计法、电阻法、GPR法、遥感法等。这些方法所依据的原理不同。烘干法成本低,简单易行,准确性高,是普遍使用的标准方法。中子法是通过记录快中子遇到与其质量相近的氢原子变为慢中子的数量来计算土壤含水量测量值。时域反射法是根据电磁波在土壤介质中的传播速度与土壤的介电常数呈对应关系来测定土壤含水量。γ射线法是根据射线在穿透土壤时,能量衰减程度与土壤含水量呈对应关系来测定土壤含水量。张力计法是根据负压管的负压与土壤吸力呈对应关系来测定土壤含水量。电阻法是根据电阻的变化与周围土壤水势有对应关系来测定土壤含水量。GPR法是根据电磁波在土壤中的传播速度与土壤的介电常数呈对应关系来测定土壤含水量。遥感法是根据不同含水量的土壤反向的电磁波强度不同来测定土壤含水量。频域反射技术FDR(Frequency Domain Reflectometry)是近年才兴起的一种土壤水分测量方法,它采用国际上先进的频域反射原理:高频信号产生驻波与土壤介电常数有关,而输出电压与测量点的驻波有关。由于土壤介电常数的变化通常取决于土壤的含水量,由输出电压和水分的关系即可计算出土壤的含水量。该方法分辨率高,线性度好,仪器维护简单,不需要破坏土层,方便连续测量,已在农业、林业、环保、水利、气象等领域广泛应用。

　　2009年气象部门土壤水分自动观测建设项目启动,2010年9月广东省全面布点FDR土壤水分自动观测设备,并在2011年升级5层土壤水分观测为8层土壤水分观测。土壤水分自动观测系统作为一个完善的系统,包括了自动站采集器、传感器、无线传输模块、相应的电源与信号转换器等配套单元,还包括远程服务端无线收发设备、数据转发软件、数据处理中心软件以及数据处理台站软件。该系统自动化程度高,硬件设备以及软件的故障率低。

　　从2010年开始,经过几年的努力,广东省已经建成了覆盖全省的土壤水分自动监测网,截止到 2013 年底,全省业务运行的土壤水分自动观测站有 31 部。监测网覆盖了全省所有的地市以及主要的农业产区,尤其是珠三角平原,潮汕平原以及粤北农业产区。监测网免除了人工土壤水分观测带来的繁重劳动,在增加观测点的同时实现了分钟连续观测,能够实时反映出土壤水分的变化。对土壤水分的观测深度达 100 cm,不但满足了所有农作物土壤水分监测的需要,还能部分地反映树木的土壤环境变化。土壤水分监测网是全国土壤墒情监测的一个重要组成部分,给国家抗旱减灾提供了准确的决策依据;土壤水分监测网给农业气象预报提供了详细的基础数据,使农业气象旬报、农业干旱监测预报、土壤水分监测公报逐步实现精细化的定点、定时、定量预报目标;土壤水分自动监测使农业气象观测这一传统的观测业务开始向自动化、智能化发展。

经过多年的业务运行,各级设备保障人员在业务运行和维护维修方面积累了丰富的经验,同时广东省大气探测技术中心举办了许多期土壤水分自动观测培训班,内容涉及监测系统原理、数据采集、维护保障、软件等内容,对监测系统进行了完整的培训与讲解,但是大量培训材料、学习经验、重要的维护保障内容没有得到及时和有效的整理与精炼。另一方面,土壤是地球上最复杂的混合物之一,为了更好地开展农业气象观测,有必要对它进行系统的学习。本教材将土壤与农业气象相关知识、土壤水分自动观测的重点知识和经典维护保障内容编辑成册,一来可以巩固之前的培训和实践中所学知识,二来也为从事农业气象观测的技术人员提供可以参考的文字材料,解决设备维护实际操作资料不全、业务知识不足等问题,为他们提供一本能够随手查阅,简洁明了的关于土壤水分自动观测的权威教材。

本教材共分 9 章,内容包括土壤学的基础知识、探测传感器、探测系统、管理规范、设备安装、土壤参数测量与数据订正、软件使用、维护与故障维修等方面。教材力求准确、系统、详细、实用,可供从事农业气象观测业务和气象设备保障的技术人员参考。

教材编写主要参考了历年土壤水分自动观测培训班的授课材料、土壤学资料、设备厂家提供的技术应用资料、国内公开发表的论文、论著、学术会议交流材料以及作者个人维修维护经验总结等,由于取材广泛,难以一一列出原作者,在此一并表示感谢!

由于编者技术水平有限,编写时间仓促,教材中不足和差错在所难免,恳请读者批评指正。

编 者

2014 年 9 月

目　　录

第 1 章　概述

土壤水分是指保持在土壤孔隙中的水分，又称土壤湿度。它是以固、液、气三态存在于土壤颗粒表面和颗粒间孔隙中，来源于大气降水、灌溉水以及随毛细管上升的地下水和凝结水。一般来说，降水量大，进入土壤中的水分就可能多，但土壤水分含量不一定高。强度大的降水或者阵性降水，因易造成地面流失，故渗入土壤中的水分就少；而强度小的连续性降水，有利于土壤对水分的吸收和储存，土壤水分含量也不一定低。

1.1　土壤水分表示方法

固态水仅在低温冻结时才存在，气态水常存在于土壤孔隙中，液态水存在于土粒比面和粒间孔隙中。在一定条件下，三者可以相互转化，其中以液态土壤水分数量较多。

一般所说的土壤水分，实际上是指烘干法在 $105\sim110℃$ 温度下能从土壤中被驱逐出来的水。土壤水分含量即土壤含水量，它是指土壤中所含有的水分的数量。土壤含水量可以用不同的方法表示，最常用的表示方法有以下几种：

（1）土壤水重量百分数：土壤中实际所含的水分重量占烘干土重量的百分数。即：

$$W = (W_1 - W_2)/W_2 \times 100$$

式中，W 为土壤含水量（百分数）；W_1 为样土湿重；W_2 为样土烘干重。

（2）土壤水容积百分数：指土壤水分容积占单位土壤容积的百分数。即：

$$W_容 = \frac{W_1 - W_2}{W_2/P} \times 100$$

式中，$W_容$ 为土壤容积含水量（百分数）；P 为土壤容重，即单位体积原状土体的干土重。土壤容积百分数与土壤重量百分数之间的关系通常用下式表示：

$$W_容 = W \times P$$

（3）土壤水层厚度：指一定厚度土层内土壤水分的总贮量，即相当于一定土壤面积中，在一定土层厚度内有多少毫米厚的水层。即

$$W_厚 = H \times W \times P \times 10$$

式中，$W_厚$ 为土壤水层厚度；H 为计算土层厚度；10 为单位换算系数。

1.2　常用的测定方法

土壤水分对土壤中气体的含量及运动、固体结构和物理性质有一定的影响，制约着土壤中

养分的溶解、转移和吸收及土壤微生物的活动,对土壤生产力有着多方面的重大影响。土壤水分是水分平衡组成项目,是植物耗水的主要直接来源,对植物的生理活动有重大影响。因此,土壤水分的贮存量以及它的变化规律,对农业生产、生态环境的监测、调节甚至是气候的变迁都具有重要的研究价值,是最基础的数据。土壤水分状况是水分在土壤中的移动、各层中数量的变化以及土壤和其它自然体(大气、生物、岩石等)间的水分交换现象的总称。经常进行土壤水分状况的测定,掌握其变化规律,对农业生产实时服务和理论研究都具有重要意义。

国内外的土壤水分测定方法有多种,主要为:滴定法,Karl Fischer 法,称重法,电容法,电阻法,γ 射线法,微波法,中子法,核磁共振法,时域反射法(TDR),土壤张力法,土壤水分传感器法,石膏法和红外遥感法。这几种土壤水分测定方法在应用中的地位是不一样的,下面着重介绍土壤水分测定方法中常用的几种方法。

(1)称重法:又称烘干法,即取土样放入烘箱,烘干至恒重。此时土壤水分中自由态水以蒸汽形式全部散失掉,再称重量从而获得土壤水分含量。烘干法还有红外法、酒精燃烧法和烤炉法等一些快速测定法。烘干称重法是最传统的一种土壤水分测定方法,由于对设备的要求不高,操作简单,结果可靠,不但被使用得最多而且在国际上也被作为对比的标准方法。但是烘干法也有缺点:每次测量需要取土,烘干,称重,计算等多个步骤,工作量大,时间长,尤其是测量多层土壤水分含量的时候,工作量成倍增加,因而无法连续观测。其次取样会切断作物的部分根并影响作物生长。再者田间留下的取样孔,会干扰田间土壤水分的连续性,影响土壤水分的运动。

(2)中子仪法:将中子源埋入待测土壤中,中子源不断发射快中子,快中子进入土壤介质与各种原子离子相碰撞,快中子损失能量,从而使其慢化。当快中子与氢原子碰撞时,损失能量最大,更易于慢化,土壤中水分含量越高,氢原子就越多,从而慢中子云密度就越大。中子仪测定水分就是通过测定慢中子云的密度,通过函数关系来确定土壤中的水分含量。中子仪法可以在原地的不同深度上周期性地反复测定而不破坏土壤,但是仪器的垂直分辨率较差,表层测量困难,且辐射危害健康。

(3)γ 射线法:与中子仪类似,γ 射线透射法利用放射源 137Cs 放射出 γ 线,用探头接收 γ 射线透过土体后的能量,换算得到土壤水分含量。与中子仪法具有许多相同的优点,且比中子仪的垂直分辨率高,但是 γ 射线也危害人体健康。

(4)土壤水分传感器法:目前采用的传感器多种多样,有陶瓷水分传感器,电解质水分传感器、高分子传感器、压阻水分传感器、光敏水分传感器、微波法水分传感器、电容式水分传感器等等。传感器法测定土壤水分的精度受传感器的设计、工艺制造等方面的影响。

(5)时域反射法:即 TDR(Time Domain Reflectometry)法,是 20 世纪 60 年代末出现的一种确定介电特性的测定土壤含水量的方法。其测量原理是由于电磁波的传播速度与传播媒体的介电常数密切相关,而土壤颗粒、水和空气本身的介电常数差异很大,故一定容积土壤中水的比例不同时其介电常数便有明显的变化,由电磁波的传播速度便可判断其含水量。这样,电磁波的传播速度快慢就反映了土壤含水量的多少。TDR 仪具有快速、容易操作、测定精度高和对土壤无破坏等优点,可以作原位连续测量,测量范围广。其最大缺点是电路复杂,仪器价格昂贵。对于不同类型的土壤,需要对设备进行分别校对,并且有必要定期检查和校对设备,另外由于电缆长度方面的限制,使 TDR 不能远距离测量水分。

(6)频域反射法:即 FDR(Frequency Domain Reflectometry)法,通过测量放置在土壤中的

两个电极之间的电容形成的振荡回路所产生的信号频率来测量土壤电介质,而土壤电介质与土壤水分是密切相关的。当在两个电极之间加上电压时,振荡回路会产生频率信号,频率的大小随土壤电介质而改变,通过测量频率信号从而测量出土壤水分。

频域反射仪法和时域反射仪法现在最常用,他们都具有技术成熟,精度高,便于携带的优点。相对于 TDR,FDR 由于具有分辨率高、线性度好、更稳定、受盐分影响小、更省电、电缆长度限制少,可连续原位测定及无辐射的等优点,在水分测定方法方面表现出更独特的优势。

1.3 自动土壤水分观测站的发展

土壤水分贮存量及其土壤温度变化规律的监测,是农业气象、生态环境及水文环境监测的基础性工作之一。掌握土壤水分变化规律,对农业生产、干旱监测预测和其他相关生态环境监测预测服务和理论研究都具有重要意义。多年来,气象部门的干旱监测一直使用土钻和烘干的人工测量方法,观测频率为每月 3 次或 6 次。近年来,随着气候变暖,我国干旱问题日益突出,干旱发生频次和程度明显增加,严重威胁农业生产,阻碍经济发展,对生态环境造成巨大影响,使决策部门和公众对农业气象观测的自动化提出了更加迫切的要求。

为了进一步提升气象为农服务能力,做好农业气象防灾减灾和应对气候变化工作,充分发挥气象为农业生产和农村改革发展服务的职能和作用,2009 年中国气象局根据《中国气象局关于发展现代气象业务的意见》(气发〔2007〕477 号)、《中国气象局关于贯彻落实〈中共中央关于推进农村改革发展若干重大问题的决定〉的指导意见》(气发〔2008〕457 号)等文件要求,制定了《现代农业气象业务发展专项规划》,明确指出"以现有农业气象土壤水分观测站点为基础,适当增加南方地区土壤水分观测站点,吸纳部分省级土壤水分观测站点,加快自动土壤水分观测系统建设,形成全国自动土壤水分观测网","建设一个疏密均匀且能有效监测干旱发生情况和作物生长实际土壤水分环境的全国土壤水分观测网,将可实现全国土壤墒情监测数据实时传输和实时显示,实现单个站点的连续时间土壤水分变化监测,以及结合云图、降雨等气象资料,实现区域性干旱预警等功能"。规划在现有的 1500 个人工测墒点建成以自动土壤水分观测仪为主,以便携式土壤水分观测仪为辅的全国土壤水分自动观测网,以满足现代农业气象业务和干旱监测服务的需求。老农业气象观测员眼中"一把尺子一杆秤,牙一咬、眼一瞪"的传统农业气象观测方式,将随着一批科技含量高、全自动化运行的现代观测仪器的使用而发生质的改变。

2009 年 6 月,自动土壤水分仪定型后,为了推进自动土壤水分观测网的建设,中国气象局气象探测中心完成了《自动土壤水分观测数据传输格式及传输方案》、《自动土壤水分观测仪标定规程》、《自动土壤水分观测仪出厂验收标定规程》、《自动土壤水分对比观测规定》等。截至目前,全国已建设 1210 个自动土壤水分观测站。广东省自 2010 年 7 月起建设土壤水分自动监测系统,截至目前已经形成由 31 个站组成的监测网,并且建立了广东省自动土壤水分观测网运行监控保障平台,实现对全省土壤水分观测设备状态监控、数据诊断、到报率统计、故障报警等功能。覆盖面广、高密度、高频次的监测资料有效地提升了全省农业气象预报和服务水平的质量。实现了实时监控农田干旱程度,便于科学灌溉和有效利用水资源,大大提高农业气象观测水平和农业气象服务的能力,为全省生态农业、高效农业提供有力的保障。

第2章　土壤水分与农业气象

农业对土壤的定义是地球陆地表面具有肥力、能够生长植物的疏松层,是由一层层厚度各异的矿物质成分所组成的大自然主体。土壤和母质层的区别表现在于形态、物理特性、化学特性以及矿物学特性等方面。由于地壳、水蒸气、大气和生物圈的相互作用,土层有别于母质层。它是矿物和有机物的混合组成部分,由固体、气体和液体三相物质组成。疏松的土壤微粒组合起来,形成充满间隙的土壤形式。这些孔隙中含有溶解溶液(液体)和空气(气体)。因此,土壤通常被视为有多种状态。

2.1　土壤类型及分布

土壤分类是根据土壤的属性、成土过程和成土因素之间相关性的特点系统地认识土壤的一种方法,即按具体土壤的特性所反映出来的相似性或差异性进行分类或归类,从而构成一个有序排列的体系。

土壤分类是土壤地理学的一个重要内容。目前在国际上还没有统一的土壤分类方案。现有的一些分类方案也还处于发展之中。现有的分类归纳起来可分如下几种体制:

(1)以美国为代表的分类,主要运用诊断土层为分类依据。所谓诊断土层是指经过一定的成土过程,在剖面上发育而成的具有特征标志的层次,它能反映出一些具体的土壤属性,可以直接感知和定量地测定。

(2)以苏联为代表的土壤发生分类。新中国成立后的土壤分类也受其影响。

(3)西欧的土壤形态发生学分类,即既考虑土壤的形态特征,也注意土壤的发育程度与成因。以库比恩纳(W. L. Kubiena)和米肯豪森(E. Mückenhausen)为代表。主要观点是重视土壤水分移动特征;重视母质及风化类型;重视有机质的分解状态(如区分生的、熟的和粗的各种腐殖质类)。

土壤类型受母岩、成土环境等因素影响。因此,土壤的地域分布具有一定的规律性,最基本的有纬度地带性和非纬度地带性(区域性)分异,其次是垂直带性分异规律。

2.1.1　土壤的纬度地带性

由于太阳辐射和热量在地表随纬度方向变化,从而导致气候、生物等成土因素以及土壤的性质和类型也按纬度方向呈有规律的更替。这种现象称为土壤的纬度地带性分异。道库恰耶夫(В. В. Докучаев)首先阐述这一规律,并提出了地带性学说。

从世界土壤的分布可以看出,土壤的纬度地带性在欧亚大陆、非洲及北美东部表现最明显。如欧亚大陆中地势较平坦的俄罗斯欧洲部分,从北至南依次出现:苔原带的冰沼土、泰加林带的灰化土、森林草原带的灰色森林土、草原带的黑钙土、干草原带的栗钙土、荒漠草原带的棕钙土和灰钙土以及荒漠带的荒漠土。在大陆东部从南至北依次出现:热带和亚热带的森林土、温带森林土、寒温带森林土及寒带冰沼土。在非洲,赤道横贯中部,土壤不仅沿纬度呈明显的带状分布,而且各土类自赤道向南、北两侧成对称分布。荒漠土、红壤和砖红壤在非洲大陆分布很广。

　　总的来看,地带性土壤在低纬和高纬地区大致与纬线平行而且横跨各大陆呈带状分布。如砖红壤和灰化土、冰沼土。在中纬地区土壤分布表现较为复杂。许多地带性土壤不是横贯整个大陆,而只呈带区段性方式分布。这些特点表明,地带性土壤不是严格地完全按东西方向延伸,它还受其他分异因素的干扰和影响,从而出现间断、尖灭、偏斜等情况。

2.1.2　土壤的非纬度地带性

　　由于海陆的差异以及大地构造和地形条件(尤其是纵向构造带)的影响,使水分条件和生物等成土因素从沿海至内陆发生有规律的变化,土壤的性质和类型也相应地依次发生变化。这种现象称非纬度地带性,或称经度地带性。如从沿海至内陆依次出现:湿润森林土类,半湿润的森林草原土类,半干旱的草原土类和干旱的荒漠土类。它们大致呈南北向延伸,沿经度方向更替,并在中纬地区表现最典型。如在欧亚大陆、南北美洲和澳大利亚都各有具体的表现。为此,在各大陆的东岸、西岸和中部皆各有一系列的纬度地带性土类的组合,构成一套水平地带谱。这种情况表明,土壤的非纬度地带性也是基本的分异规律。在地带性与非地带性分异因素的共同作用下,使世界上土壤的分布显得复杂、多样,但是仍有规律可循。

2.1.3　土壤的垂直带性

　　在山地土壤中当山体达足够高度时,热量由下而上迅速递减,降水则在一定高度内递增并超过这高程后即行降低,因而引起植被等成土因素以及土壤的性质和类型亦随高度而发生垂直分带和有规律的更替,这种现象称为垂直带性。山地土壤各类型的垂直排列顺序等结构型式,称为土壤垂直带谱。

　　山地土壤及其垂直带谱的类型和分布,主要取决于山体所处的地理位置即其基带座落的地点,以及山体本身的形态特征。通常,当山体有足够的高度时,如果山体座落的地点不同,土壤的垂直带谱亦各异。例如位于湿热带地区的高山,由下而上依次出现:砖红壤→山地红壤→山地黄壤→山地棕壤→山地灰壤→亚高山草甸土→高山草甸草原土→高山寒漠土及永久冰雪带。从低纬至高纬各山地中,土壤垂直带谱的结构逐趋简单,各带的分布高度也逐渐降低乃至尖灭。在极地附近仅有冰沼土和永久冰雪带。其次,由沿海至内陆,各带谱的特点也有明显的差异。如沿海湿润型的山地常以多种山地森林土壤的组合为特征,山顶积雪也较丰富。在大陆干燥型的山地中常缺山地森林土壤带,仅从下部的荒漠带开始至山地草原土壤带、山地草甸土带和高山寒漠土带的顺序更替。此外,山体的相对高度、坡向和排列情况及局部地区的地形变化等也直接影响到山地土壤垂直分布的性质。如山体没有达到足够的高度时,垂直带谱就显得不够完备,如我国江南诸山地。如屏障作用大的高山其迎风坡(湿)和背风坡(干)的土壤垂直带谱就可相差甚大。如喜马拉雅山的南北坡和秦岭的南北坡。在山脉之间存在较大的"干谷"或"冷湖"时,垂直带的分布序列常可出现某些倒置的现象。山地土壤的垂直分布就显得更为复杂化。

　　综上所述,山地土壤垂直带是在地带性和非地带性因素和规律控制下独立发育而成的体系,它们既有受前两种基本分异因素所影响的烙印,也有自己独特的组成和结构的特点。因此,土壤垂直带谱的类型繁多,分布也较零星、间断。由此可以认为,它是在基本分异(水平分异)的背景上派生的第二级地域分异。

2.2　广东土壤类型与分布

广东地处热带与亚热带,受母岩及成土环境影响,广东典型土壤主要有富铝土、变性土、初育土、人为土,影响土壤形成的各种自然条件包括母质、气候、生物、地形、成土年龄等五大因素。

2.2.1　富铝土

富铝土是在热带和亚热带湿润气候条件下,土体中的铝硅酸盐矿物受到强烈分解,基盐不断淋失,而氧化铁、铝在土壤中残留和聚集所形成的土壤,其中氧化铝的稳定性最强,因而称之为富铝土。

广东的富铝土类型包括的土类有砖红壤、砖红壤性红壤、红壤和黄壤。赤红壤、红壤、砖红壤是广东省最重要的地带性土壤,其分布面积分别占全省土壤面积的 24.8%,37.96%,5.15%。

2.2.1.1　赤红壤

赤红壤是南亚热带季南林下形成的强脱硅富铝化土壤,其盐基淋溶、脱硅富铁铝程度次于砖红壤,强于红壤。赤红壤剖面发育明显,具深厚的红色土层。赤红壤性土为 A－(B)－C 构型的弱发育赤红壤,主要分布于土壤侵蚀较严重的丘陵山地(图 2.1)。

广东省的赤红壤主要分布在 21°N～24°N 之间海拔 300～450 m 以下的丘陵台地。面积约为 658 万 hm²,占全省土壤面积的 45%。其中惠阳地区(占 22.6%)、肇庆地区(占 17.2%)、江门市(占 13.4%)、广州市(占 11.2%)、梅县地区(占 10.96%)等面积较大。其次,茂名、汕头、佛山、深圳、湛江、珠海等市面积较小,分别占其总面积 7.49%、7.45%、4.44%、2.04%、1.79%、0.94%、0.91%。其中耕种的旱地仅占该土类 4.5%。

赤红壤地区干湿季节交替,有利于土壤胶体的淋溶,并在一定的深度凝聚,因而土壤普遍具有明显的淀积层。该层孔壁及结构面均有明显的红棕色胶膜淀积,表现出铁铝氧化物及粘粒含量,明显高于表土层(A 层)及母质层(C 层)。赤红壤的粘粒矿物组成比较简单,主要是高岭石,且多数结晶良好(玄武岩发育的赤红壤结晶较差),伴生粘粒矿物有针铁矿和少量水云母,极少三水铝石。多数赤红壤交换性铝占绝对优势,土壤呈酸性反应,水浸 pH 多在 5.0～5.5 间,盐浸(KCl)pH 多数小于 5.0。各类母质发育的赤红壤,其阳离子交换量的顺序是:辉长岩＞泥页岩＞凝灰岩＞第四纪红粘土＞花岗岩。铁铝氧化物积淀较为明显,游离铁氧化物含量较高。铁氧化物在剖面中的分异较明显,多数赤红壤全铁、游离铁及晶质铁含量均以心土层(B)最高,表明铁氧化物在此层的淋溶和积淀显著。而活性氧化铁含量及活化度,则均以表土层(A)最高,可能与有机质和水分较多有关。土壤中游离氧化铁的含量,不仅影响着阳离子交换量,而且对土壤中磷素的固定起着重要作用。有机质含量低,矿质养分较贫乏。在正常情况下,赤红壤区的生物气候条件有利于土壤有机质的积累。

图 2.1　赤红壤

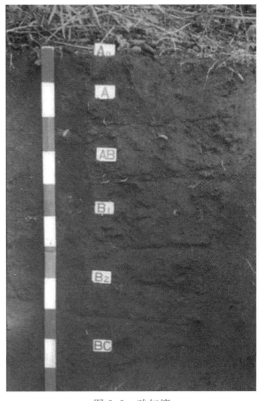

图 2.2　砖红壤

2.2.1.2　砖红壤

砖红壤是热带雨林或季雨林中的土壤在热带季风气候下,发生强烈富铝化作用和生物富集作用而发育成的深厚红色土壤,以土壤颜色类似烧的红砖而得名。砖红壤是具有枯枝落叶层、暗红棕色表层和棕红色铁铝残积层的强酸性铁铝土(图 2.2)。

广东省的砖红壤主要分布在雷州半岛的雷州、遂溪、廉江、徐闻等县以及湛江市郊。其母质主要有浅海沉积物和玄武岩。

广东砖红壤区冬季少雨,夏季多雨,具有高温多雨、干湿季节变化较明显的季风气候特点。原生植被为热带雨林或季雨林,树种繁多,林内攀缘植物和附生植物发达,且有板状根和老茎开花现象。一般分布在低山、丘陵和阶地上,母质为各种火成岩、沉积岩的风化物和老的沉积物。因经长期高温高湿的风化,有的已形成厚达几米甚至几十米的红色风化壳。在湿热气候作用下,土壤中铝的富集作用高度发展。这种铝的富集作用,在土壤学上称为富铝化作用,通常用粘粒部分的硅铝率作为富铝化的指标,数值越小说明富铝化作用越强,也就是土壤的风化度越深。砖红壤的硅铝率一般为 1.5～1.8。

雷州半岛由玄武岩母质发育的砖红壤呈暗红色。土层深厚,质地粘重,粘粒含量高达 60% 以上,呈酸性至强酸性反应。粘土矿物组成中,高岭石占 60% 以上,氧化铁近 20%,并含有较多的三水铝矿。表土由于生物积累作用强,呈灰棕色,厚度可在 15～30 cm 以上,有机质含量达 8%～10%。但矿化作用也强烈,形成的腐殖质,分子结构比较简单,大部分为富铝酸型和简单形态的胡敏酸。其特点是分散性大,絮固作用小,形成的团聚体不稳固。

2.2.1.3　红壤

红壤为发育于热带和亚热带雨林、季雨林或常绿阔叶林植被下的土壤。其主要特征是缺乏碱金属和碱土金属而富含铁、铝氧化物,呈酸性红色。红壤在中亚热带湿热气候常绿阔叶林植被条件下,发生脱硅富铝过程和生物富集作用,发育成红色,铁铝聚集,酸性,盐基高度不饱和的铁铝土(图2.3)。

广东红壤主要分布在广东的北部,其代表性植被为常绿阔叶林,主要有壳斗科、樟科、茶科、冬青、山矾科、木兰科等构成,此外尚有竹类、藤本。

一般红壤中四配位和六配位的金属化合物很多,其中包括铁化合物及铝化合物。红壤铁化合物常包括褐铁矿与赤铁矿等,红壤含赤铁矿特别多。当雨水淋洗时,许多化合物都被洗去,然而氧化铁(铝)最不易溶解(溶解度为 10^{-30}),反而会在结晶生成过程中一层层包覆于粘粒外,并形成一个个的粒团,之后亦不易因雨水冲刷而破坏,因此红壤在雨水的淋洗下反而发育构造良好,通常具深厚红色土层,网纹层发育明显,粘土矿物以高岭石为主,酸性,盐基饱和度低。

2.2.1.4　黄壤

黄壤的形成包含富铝化作用和氧化铁的水化作用两个过程。由于高温多雨、岩石风化强烈,在成土过程中难移动的铁、铝在土壤中相对增多;土壤终年处于相对湿度大的环境中,土体中大量氧化铁发生水化作用而形成针铁矿。发育于亚热带湿润山地或高原常绿阔叶林下的土壤。其主要特征是:酸性,土层经常保持湿润,心土层含有大量针铁矿而呈黄色(图2.4)。

图2.3　红壤

图2.4　黄壤

　　广东黄壤主要分布在粤北一带,由母质为花岗岩发育的黄壤分布在阳江等地。在广东黄壤分布地区,其垂直分布规律明显,在各个山地的垂直带谱中,黄壤的下部一般是红壤,上部则以黄棕壤为多。黄壤带谱与区域性水湿条件有密切关系。在湿润条件下的黄壤垂直带带幅较宽,有的可宽达 1000 m;类型也较多,往往出现两个以上的黄壤亚类。

　　黄壤多见于原生植被保存较少,次生栎类灌丛和稀疏马尾松、杉木混交林较多的山地,有机质含量随自然植被的不同而有很大差异。具有明显的发生层次,常见农业用地土壤剖面构型为耕作层—心土层—母质层。自然土表层有 10~30 cm 的未分解或半分解枯枝落叶腐殖质层,其下为粘重、紧实的淀积层,颜色为黄至棕黄色。黄壤的有机质随植被类型而异。在自然土中,有机质由于腐殖质层存在,可高达 5% 以上,但心土层则迅速降低,耕作黄壤随熟化程度提高而增加。氮、钾含量均属中等水平。在农业土壤中大部分磷以闭蓄态存在于土壤中,使绝大部分黄壤速效磷低于 10 mg/kg,是典型的缺磷土壤之一。由于土壤淋溶强,盐基饱和度低,土壤酸度大。绝大多数黄壤 pH 值小于 6.0。

　　黄壤、红壤、赤红壤、砖红壤理化性质对比见表 2.1。

表 2.1　黄壤、红壤、赤红壤、砖红壤理化性质对比

土壤类型	分布及发育母质	深度(cm)	有机质(g/kg)	pH	代换量[cmol(+)/kg]	粘粒<0.001 mm(%)	全量组成(10 g/kg)			粘粒分子率	
							SiO_2	Al_2O_3	Fe_2O_3	$\dfrac{SiO_2}{R_2O_3}$	$\dfrac{SiO_2}{Al_2O_3}$
黄壤	广东北部、阳江等地,发育于花岗岩	0~20	58.9	4.9	19.5	14.7	704	104	53	1.81	2.48
		22~28	31.4	5.3	14.2	17.4	719	712	54	1.71	2.28
		10~80	—	5.4	9.9	16.7	669	151	56	1.30	1.59
红壤	广东北部,发育于红砂岩、花岗岩、千枚岩、玄武岩	0~10	50.6	5.1	4.00	33.1	293	266	227	1.21	1.80
		30~40	14.8	5.3	5.94	34.7	298	297	253	1.10	1.71
		80~90	3.6	5.2	2.62	39.6	302	263	247	1.22	1.95
		180~190	1.3	5.3	6.29	15.4	302	273	239	1.20	1.88
赤红壤	分布于广东 21°N~24°N 之间海拔 300~450 m 以下的丘陵台地,发育于玄武岩、辉长岩、花岗岩、凝灰熔岩	0~10	17.0	5.9	4.38	32.0	691	172	52.5		
		20~30	8.7	5.2	5.97	35.8	671	189	57.2		
		40~50	6.6	5.8	3.19	35.4	668	191	62.3		
		80~90	4.9	5.9	3.55	37.2	599	234	62.4		
		120~130	—	5.1	3.94	24.9	623	213	62.1		
砖红壤	分布于广东雷州半岛,发育在玄武岩上	0~30	39.4	5.7	6.32	63.1	348	214	214	1.13	1.50
		30~50	10.2	5.0	3.18	78.0	356	171	171	1.14	1.54
		50~80	6.8	5.2	2.82	78.9	343	187	187	1.12	1.49
		80~100	6.4	5.0	2.82	77.5	345	189	189	1.13	1.51

2.2.2　变性土

　　变性土是具有强烈胀缩和扰动特性的粘质土壤,又称膨转土。变性土在各种基性母质上发育,包括钙质沉积岩、基性火成岩、玄武岩、火山灰以及由这些物质形成的沉积物。这些母岩母质中丰富的斜长石、铁镁矿物和碳酸盐有利于变性土的发育(图 2.5)。广东省变性土涉及的母岩母质有石灰岩、玄武岩、第三纪河湖相沉积物以及近代河流沉积物等,但以石灰性母质为主。

　　广东省变性土类型主要是简湿润变性土,主要分布在雷州半岛。其特征有:①土体厚度超过 50 cm;②各层中至少含 30％粘粒;③在多数年份中的某些时候,土壤出现深而宽的裂缝(在 50 cm 深处的宽度≥1 cm);④至少具备下列特征之一:滑擦面、粘土小洼地、楔形结构(长轴与水平方向成 10°～60°夹角,出现在 25～100 cm 深度范围内)。

　　变性土膨胀系数很大,干湿体积变化范围为 25％～50％;持水量大,但有效性差;湿时可塑性强,耕性很差;有机质量不高(每千克土中含量为 5～30 g),C/N 比值为 10～14;粘粒含量 ＞35％;阳离子交换量大(每千克土中含量为 25～80 cmol(＋)),交换性盐基(尤其是 Ca^{2+} 和 Mg^{2+})含量也很高,盐基饱和度多在 50％以上,并随深度递增;pH 值多在 6.0～8.5;蒙脱石是占优势的粘土矿物,其次是云母类矿物(石灰岩、珊瑚、泥灰岩发育的则少),高岭石也是常见矿物,其含量随风化度递增,碳酸盐和石膏可出现在心土层,常见于湿润变性土和干热变性土的滑擦面上。

图 2.5　变性土

图 2.6　紫色土

2.2.3　初育土

　　初育土是指发育程度微弱,母质特征明显,发生层分异不显著或只有轻度发育的幼年性土壤。广东的初育土类型为紫色土和火山灰土。

2.2.3.1　紫色土

紫色土母岩松疏,易于崩解,矿质养分含量丰富,肥力较高,是广东省重要旱作土壤之一,除丘陵顶部或陡坡岩坎外,均已开垦种植(图2.6)。因侵蚀和干旱缺水现象时有发生,利用时需修建梯田和蓄水池,开发灌溉水源。开辟肥源以增加土壤有机质和氮的含量,也是提高其生产力的重要措施。

2.2.3.2　火山灰土

火山灰土又称"暗色土",指靠近火山活动地区在火山灰母质上发育的各种土壤,包括弱风化含有大量火山玻璃质的土壤和较强风化的富含短序粘土矿物的土壤,在广东仅有零星分布(图2.7)。成土年龄较轻、发育程度低者,仍保留火山灰原来的特征,剖面分化微弱;发育程度较深者,已有明显的剖面分化,表层有机质含量可达15%以上,土色暗灰,肥力颇高。这种土壤孔隙度高,质地较粗,易受侵蚀,含有大量火山起源的矿物(如火山玻璃、火山碎屑等),其量超过70%;粘土矿物以水铅英石为主,对磷有固定作用。

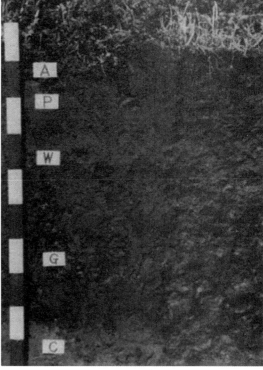

图 2.7　火山灰土　　　　　　　　　　　　　　　　图 2.8　人为土

2.2.4　人为土

人为土是指自然土壤经人类活动的影响改变了原来土壤的成土过程而获得新特性的土壤(图2.8)。

广东省人为土类型是水稻土。水稻土是指发育于各种自然土壤之上、经过人为水耕熟化、淹水种稻而形成的耕作土壤。这种土壤由于长期处于水淹的缺氧状态,土壤中的氧化铁被还原成易溶于水的氧化亚铁,并随水在土壤中移动,当土壤排水后或受稻根的影响(水稻有通气组织为根部提供氧气),氧化亚铁又被氧化成氧化铁沉淀,形成锈斑、锈线,土壤下层较为粘重。

2.3　土壤物理参数

　　土壤物理参数主要用于描述土壤固、液、气三相体系中所产生的各种物理现象和过程。土壤物理性质制约土壤肥力水平,进而影响植物生长,是制订合理耕作和灌排等管理措施的重要依据。

　　土壤物理包括土壤的颜色、质地、孔隙、结构、水分、热量和空气状况,土壤的机械物理性质和电磁性质等方面。各种性质和过程是相互联系和制约的,其中以土壤质地、土壤结构和土壤水分居主导地位,它们的变化常引起土壤其他物理性质和过程的变化。

2.3.1　土壤颜色

　　指土壤表面光照反射的色光所组成的混合色。在土壤诸物理性质中最为直观。土壤颜色在一定程度上反映了土壤的主要化学组分和土壤的水热状况,可作为鉴别土壤肥沃程度的指标。如深色表土的土壤常较浅色表土肥沃;腐殖质含量高的土壤呈暗黑色;不同形态的铁可使土壤分别呈红、棕、黄、蓝、绿等色;在排水良好情况下多呈红、棕色,反之则现灰蓝色等。

　　土壤颜色通常用芒赛尔(A. H. Munsell)创建的土壤颜色标记系统来确定,称为芒赛尔土色卡。这个系统是由色调、亮度和彩度三要素所组成。色调指不同的颜色,分红(R)、黄红(YR)、黄(Y)、灰黄(GY)、灰(G)、蓝灰(BG)、蓝(B)、紫蓝(PB)、紫(P)和紫红(PR)共10组,每组又分成2.5、5.0、7.5和10共4级。亮度指对光反射的程度,由黑到白分为0~10个等级(在土色卡中取1~8)。彩度指光谱的纯度,按颜色从暗浊到鲜艳分为0~12个等级(在土色卡中取1~8)。表示土壤颜色的通用符号是色调亮度/彩度。完整的命名法是颜色名称(色调亮度/彩度),例如红(10RS/6)。

2.3.2　土壤质地

　　指土壤中不同大小直径的矿物颗粒的组合状况。土壤质地与土壤通气、保肥、保水状况及耕作的难易有密切关系;土壤质地状况是拟定土壤利用、管理和改良措施的重要依据。

2.3.2.1　土壤颗粒分级

　　土壤中的矿物颗粒可按其直径大小分为若干等级。各国的分级标准不一,常见的分级标准见表2.2.1-1。不同直径的矿物颗粒在物理和物理化学性质上有明显差异。各等级的主要特征是:

　　石块:岩石崩解的碎块。对土壤耕作和植物生长都不利,应设法除去。

　　石砾:由母岩碎片和粗粒矿物组成。其大小和含量直接影响土壤耕作的难易和对农机具的磨损程度。

　　砂粒:由母质碎屑、原生矿物和石英等组成。其中氧化硅的含量高达80%以上。含砂粒多的土壤较松散、通气好、无胀缩性,但保水保肥力弱,磷、钾等矿质养分含量低。

粉粒:颗粒的大小和性质均介于砂粒和粘粒之间。氧化硅和铁铝氧化物的含量分别为60%～80%和5%～18%;其矿物组成既有原生矿物也有次生矿物;有微弱的可塑性和胀缩性,粉粒级的矿物组成与土壤养分的潜在供应能力有一定关系。

粘粒:是土壤颗粒组成中最活跃的部分。主要由次生硅铝盐组成。颗粒小,呈片状,比表面积大,吸附能力强,保水保肥力也较强;但由于粘粒内孔隙小,且胀缩性大,通气和透水性较差。粘粒的性质还随粘土矿物类型的不同而异。2∶1 型蒙脱类粘土的胀缩性和吸水性较 1∶1 型的高岭类粘土大很多。

2.3.2.2　基本土壤质地类型

土壤基本质地分 3 组,即砂土组、壤土组和粘土组。各自的特点如下述。

砂土组:保水和保肥能力较差,养分含量少,土温变化较大;但通气透水良好,容易耕作。

粘土组:保水和保肥力较强,养分含量较丰富,土温变化小;但通气透水性差,粘结力强,犁耕阻力大,耕作较困难,且有强烈的胀缩性,干时硬结,湿时泥泞,适耕期短。

壤土组:是介于砂土和粘土之间的一种土壤质地类型。性质上也兼备砂土和粘土的优点:通气透水、保水保肥能力都较好,适合多数作物生长,适耕范围较宽,耕作方便,易于调节,是农业生产上理想的土壤质地类型。

2.3.2.3　土壤质地分类系统

根据土壤中矿物颗粒组合特点将土壤分为若干类型的检索系统。常见的有:

(1)国际制分类系统:该系统将土壤质地分为 4 组(砂土、壤土、粘壤土和粘土)13 级,并按等边三角表进行检索。其方法是:

①以粘粒含量为主要标准,<15% 为砂土和壤土质地组;15%～25% 为粘壤土组;>25% 为粘土组。

②当土壤含粉粒达 45% 以上时,在各组质地的名称前均冠以"粉质"。

③当砂粒含量在 55%～85% 时,则冠以"砂质";如超过 85%,则称为壤质砂土,其中砂粒达 90% 者称砂土。

(2)美国制分类系统:与国际制基本相似,所不同的是它将土壤质地分为 4 组 12 级。

(3)苏联制分类系统:由苏联卡钦斯基拟定,采用双级分类制,即按物理性砂粒和物理性粘粒含量将土壤质地分为 3 组 9 级。

除上述 3 个分类系统外,还有些国家结合自己国家土壤的特点制订了各自的土壤质地分类系统。

2.3.2.4　土壤质地的调节

肥沃的土壤不仅要求耕层的质地良好,还要求有良好的质地剖面。虽然土壤质地主要决定于成土母质类型,有相对的稳定性,但耕作层的质地仍可通过耕作、施肥等活动进行调节。掺和粘土和增施有机肥料是调节和改良砂土类质地组不良性质的主要措施;相反,掺和砂土以及增施有机肥料、设置排水设施和采用高畦、窄垄等种植方法则是改善粘土质地组不良性质的主要途径。

2.3.3　土壤孔隙

土壤孔隙是指土壤固体颗粒间的空隙,是容纳水分和空气的场所。土壤孔隙状况通常用孔隙度和孔隙直径表征。

2.3.3.1　土壤孔隙度

土壤孔隙度又称土壤总孔隙度,指土壤孔隙的容积占土壤总容积的百分数。通常按下式计算:

$$土壤孔隙度(\%) = (1 - 容重/比重) \times 100$$

式中,土壤容重又称土壤假比重,是指单位体积土壤(包含孔隙在内)中绝对干燥时的重量,单位为 g/cm^3。其数值大小与土壤质地、结构和有机质含量有关。通常,矿质土壤的容重为 $1.40 \sim 1.70\ g/cm^3$;有机土壤为 $1.10 \sim 1.25\ g/cm^3$;粘质土壤为 $1.10 \sim 1.60\ g/cm^3$;砂质土为 $1.3 \sim 1.5\ g/cm^3$;肥沃的耕层土壤为 $1.00 \sim 1.20\ g/cm^3$;紧实土壤为 $1.50 \sim 1.80\ g/cm^3$。容重值低的土壤表明其孔隙多,反之则孔隙少。容重除作为计算土壤孔隙度的必要参数外,也是计算土壤空气容量,换算田间土壤重量以及土体内水分、养分、盐分和有机质贮量的必要参数。式中的土壤比重又称土壤真比重。是指单位体积土壤颗粒(不包括孔隙在内)的绝对干燥重量与同体积水 4℃ 时重量的比值。土壤比重数值的大小与矿物组成和有机质含量有关。土壤矿物的比重一般为 $2.40 \sim 2.80$;有机质比重一般为 $1.2 \sim 1.4$。土壤的平均比重为 2.65。土壤比重是计算土壤孔隙度的必要参数;也可作为大致判别土壤矿物类型的依据。

土壤孔隙度一般为 50% 左右;松散土壤可高至 $55\% \sim 65\%$;紧实土壤可低至 $35\% \sim 40\%$。

2.3.3.2　土壤孔隙直径

土壤孔隙直径是指土壤孔隙的大小。测定的方法很多,常按土壤吸力值的大小用下式计算:

$$孔隙直径(mm) = 3/土壤吸力(水柱高度, cm)$$

土壤中孔隙的大小、形状及其稳定程度与土壤结构有关。土壤孔隙直径不同,其通气、排水能力也不同。一般认为,直径大于 $0.2\ mm$ 的粗大孔隙能保证土壤的通气性;直径 $0.03 \sim 0.2\ mm$ 的较大孔隙既能供水又能排水;直径 $0.01 \sim 0.03\ mm$ 的中等孔隙其毛管作用强烈;直径 $0.005 \sim 0.01\ mm$ 的小孔隙,具有很强的持水能力;直径小于 $0.005\ mm$ 的细微孔隙对土壤水分、空气的调节无效,对植物生长也无益。有时,土壤中的孔隙也可分为毛管孔隙(或称持水孔隙)和非毛管孔隙(或称通气孔隙)。前者指由毛管水占据的孔隙;后者指能通气的孔隙。土壤内大、中、小孔隙的比例因生物气候条件以及特定作物所需的物理环境条件而异。

2.3.4　土壤结构

土壤结构是指土壤颗粒(包括团聚体)的排列形式。学术界关于土壤结构的定义并不完全一致。苏联学者卡钦斯基(Н. А. Качинский)认为土壤结构是土壤中不同大小、形状、孔隙性、力稳性和水稳性团聚体的综合。美国学者贝弗尔(L. D. Baver)则认为土壤结构是土壤中原生颗粒和次生颗粒(包括孔隙)排列成的一定形式。

土壤颗粒的大小及其不同排列组合形式,使土壤孔隙呈各种几何特征,从而影响土壤中水、热、气的保持和运行,植物根系的穿插,微生物的活动以及养分的有效性和供应速率,最终直接或间接地影响植物的生长和土壤的生产性能。

2.3.4.1 结构类型

土壤颗粒的排列形式大致可分两类:一类是以单粒(又称原生颗粒)为单位的排列;另一类是以复粒(又称次生颗粒)为单位的排列。根据结构体的形态、大小或性质还可分成若干类型。1927 年,苏联学者扎哈罗夫(C. A. Захаров)根据结构体形态提出了土壤结构的分类方案并几经修改。1951 年美国农部提出的土壤结构分类表是目前使用较为广泛的一个分类系统。在此系统中,按土壤结构体的形态特征将土壤结构分为 4 个类型;根据结构体的大小每种类型又分为 5 级;根据结构体自身和结构体之间粘结力的大小每级又分为 4 个发育程度。土壤结构还可根据受水浸泡或外力作用后的不同反应而分为水稳性、力稳性或非水稳性和非力稳性结构。前二者统称为稳定性结构;后二者统称为非稳定性结构。稳定性结构的形成主要依赖于对土壤颗粒具有较强的胶结力的物质的存在。

2.3.4.2 结构形成

主要指土壤中团聚体(耕层以下通常称结构体)的形成,通常有 3 个途径,原生颗粒通过凝聚等作用形成次生颗粒(或称微团聚体、复粒或有机无机复合体);次生颗粒再经有机质等胶结物质的作用而进一步形成团聚体,或原生颗粒直接由胶结物质粘结成团聚体;致密的土体通过根系活动、干湿交替、结冻融冻等各种外应力的作用而崩解成团聚体。有机物分解的中间产物多糖和多价阳离子在形成稳定性团聚体中也有重要作用。近年又提出粘团学说,认为粘团是粘粒的小集团群,由粘粒本身定向排列而成,形如片状,其直径一般小于 5 μm。粘团彼此间可通过铝键和有机聚合物的作用使团面与团面、团边与团边以及团面与团边相结合而形成团聚体的基本单元,再由基本单元聚合而成团聚体。

2.3.4.3 结构与肥力

土壤结构除影响植物根系的生长,微生物的活动以及土壤中空气、水分和养分的协调外,还影响土壤的一系列机械物理特性。20 世纪 30 年代,苏联土壤学家威廉斯(B. P. Вильямс)提出团粒结构学说,认为由胡敏酸钙结合的直径为 0.25～10 mm 的水稳团聚体(又称团粒)含量达 70% 以上时,即为有结构的土壤。这种土壤同时具备团聚体之间的非毛管孔隙和团聚体内的毛管孔隙,因而能协调土壤中水分、空气、养分的保持与释放的矛盾;同时可减少地表径流,防止水土流失。但以后的研究者认为,土壤中 0.25～10 mm 水稳性团聚体的数量和最佳粒径应依不同的生物气候条件而异。在湿润多雨地区,为便于通气排水,水稳性团聚体的含量宜略高,直径也可略偏大;而在干旱少雨地区,则水稳性团聚体含量略低、粒径略小的有利保墒。近期的研究还认为,在评价土壤结构时,除团聚体的形状、大小和数量外,还要考虑与土壤结构密切有关的其他一些性质,如土壤孔隙的大小分配、土壤的通气性和透水性以及不同水分吸力时的土壤持水量和生物活性等。

2.3.4.4 结构改良

由于土壤表层经常受到不合理的耕作和灌溉的影响,土壤结构易被破坏,从而导致土壤物理性质恶化。为了保护和改善土壤结构状况,保持和提高土壤肥力,可以采取的措施包括:合理耕作,改多耕为少耕或免耕;合理灌溉,改漫灌为喷灌、滴灌或底土渗灌;合理轮作、施肥,在轮作制中安排一定比例的绿肥或牧草,以及增施有机肥料等。施用结构改良剂则可达到快速改善土壤结构状况的目的。目前已知的土壤结构改良剂有聚乙烯醇,聚醋酸乙烯酯,水解聚丙烯,聚丙烯酸,醋酸乙烯酯-反丁烯二酸共聚物,二甲胺基乙基丙烯酸盐以及聚丙烯酰胺等。其中聚丙烯酰胺已开始在西欧较大面积上使用。此外,沥青乳剂和各种类型的胡敏酸盐制剂也有明显效果。

2.3.5　土壤水分

以固、液、气三态存在于土壤颗粒表面和颗粒间孔隙中的水分,来源于大气降水、灌溉水以及随毛细管上升的地下水和凝结水。气态水存在于土壤颗粒之间尚未被液态水所占据的孔隙之中;液态水被吸着在土壤颗粒的表面,或受水分表面张力的影响被保持在土粒之间或团聚体内部未被空气占据的孔隙中;固态水只在气候寒冷地区及冬季出现,是液态水在0℃以下时结成的冰。土壤含水量一般用烘干法、张力计法、电阻块法或中子法等方法测定。

土壤水分是成土过程的重要因素,对矿物的风化,有机物质的合成和分解,元素的富集、迁移和淋失等产生影响,并且是植物生长所需水分的主要供给源。

2.3.5.1　土壤水分保持

进入土壤中的水分在各种力的作用下,有一部分被保存在土壤中。土壤保持水分能力的强弱,受土壤孔隙的大小、形状以及连通性等的影响,也与土壤颗粒表面积的大小有关。土壤的含水量是不断变化的,从只能保持一层相当于几个水分子直径厚的水膜,到土壤完全为水分所饱和,甚至地表出现积水。土壤的特征性含水量通常称为水分常数,包括:

①饱和含水量。这时全部土壤孔隙都充满水分,水分吸力为零。

②田间持水量。是土壤被降水或灌溉水所饱和,经2~3 d或更长一些时间后,水分向下运动的速度逐渐减小,直至可以忽略不计时所保持的水量。通常用1/3大气压时的含水量代表;但由于土壤的差异,往往不能用同一吸力值来表征这一含水量。

③萎蔫系数。又叫凋萎系数,指根系不能迅速吸取到能满足蒸腾需要的水分,植物开始出现永久萎蔫时的土壤含水量。一般以15个大气压时的含水量代表。

④吸湿系数,大约相当于吸力为31个大气压时所保持的水量。各水分常数之间的水分对植物的有效性是不同的。

土壤含水量的多少,虽然关系到水分在土壤中的运动状况和植物生长状况;但土壤水分的能量状态,即水分被土壤保持的牢固程度,往往比水分含量更为重要。水分的能量可以水分吸力、张力或水势表示。一个平衡的土—水体系所具有的能够作功的能力称为该体系的土壤水势能,简称土水势。并可借助张力计或压力膜,在原地或实验室中测定。

2.3.5.2　土壤总水势

土壤总水势由以下几个分势组成:

①基质势,由与土壤固体特性有关的各种力(包括表面吸附力、土粒间孔隙的毛管力等)引起,是水—气界面的曲率半径的函数;

②压力势,由土—水体系中的压力超过参比态下的压力引起;

③溶质势,由土—水体系中各种溶质共同引起;

④重力势,主要由重力场引起。

基质势和含水量的关系曲线称为土壤水分特征曲线。它受土壤性质的影响,据此可算出植物有效含水量,还可根据曲线上的斜率,估算出不同水势时的吸水和释水性。

2.3.5.3　土壤水的运动

土壤水处在不断地运动之中。降水或灌溉水到达地表后,在重力势和基质势等梯度作用下渐次进入土表以下各土层。土壤水分达到饱和状态后,多余的水分就在重力势作用下向下渗漏,补给地下水;如土壤水分处于不饱和状态,水分就在重力势和基质势等梯度作用下向下或向其他方向渗吸,补充土壤水储量。渗漏或渗吸不良时,水分就形成地表径流流失。当降水或灌溉停止、渗吸结束后,水分仍继续向下运动,进行再分配。土壤水也可在水势梯度作用下向上运动,通过地表蒸发或植物叶面的蒸腾返回大气中。在地下水盐分浓度高时,水分的向上运动往往导致土壤盐渍化。

水分在由势能高的地方向势能低的地方运动时,不管土壤水饱和程度如何,单位时间内通过单位面积的水的容积总是与水流方向上的水力势梯度成正比。这可用达西方程表示:

恒定流动均质土:
$$q = -K_s\left(\frac{\Delta H}{L}\right)$$

非恒定流动均质土:
$$q = -K_s\left(\frac{dH}{dL}\right)$$

式中,q 为单位时间内通过垂直于水流方向的单位面积的水的容积;K 为水力传导度或毛管传导度,是单位水力势梯度下水流的容积;H 为水力势梯度,包括重力势梯度和基质势梯度,是水分运动的驱动力。重力的大小一定,方向向下,基质势的大小和方向是可变的。

土壤中的气态水由于水汽压力梯度的不同而进行扩散,它们通过充气孔隙从水汽压大的地方向水汽压小的地方运动;从湿土层向干土层、从比较热的土层向比较冷的土层运动。

2.3.5.4　水分与植物生长的关系

适宜的土壤水分为植物蒸腾和维持正常生长所必需。土壤水分过多往往使植物生长受阻、造成湿害;过少则导致植物凋萎。一般认为,土壤吸力小于1~2大气压时的水分,是植物最易吸收的水分。

20 世纪 60 年代以来,在评价土壤水分与植物的关系问题上的根本性变化,在于认为土壤、植物和大气之间是一个物理学上统一的、动态的连续体系。在此体系中,各种不同的水流过程像链条中的各个环节一样相互关联。植物吸收水分的速率和数量不单是土壤含水量或土水势的单值函数,而是与根系从土壤吸收水分的能力,以及土壤按蒸腾要求的速率向根系输送水分的能力有关;能力的大小取决于植物和土壤的性质,并在相当程度上取决于小气候条件。水分从体系中势能高处流向势能低处;两点间的势能差,是促使水分流动的原因。

只要根系吸水的速率与蒸腾速率平衡,水流就继续进行,植物保持充分的水胀状态;一旦吸水速率低于蒸腾速率时,植物就开始失水,失去膨压而凋萎。在大气蒸发力高时,即使土水势较高,植物也可能无法维持较高的相对蒸腾率而开始凋萎;在大气蒸发力低时,即使土水势较低,相对蒸腾率仍可能较高,而使植物不致凋萎。所以土壤中水分能否满足植物生长的需要,取决于土壤、植物和大气诸因子的综合影响。

水分不仅直接影响植物的蒸腾和土壤中养分对植物的有效性,而且也影响根系生长与耕作的难易。通过合理的耕作管理,增加和保持土壤有效水,减少地表径流和渗漏,减少无效蒸腾,以及在水分过多时进行农田排水等措施都是农业生产的重要环节。

2.3.6　土壤热性质

土壤热性质是指影响热量在土壤剖面中的保持、传导和分布状况的土壤性质。包括 3 个物理参数:土壤热容量、导热率和导温率。土壤热性质是决定土壤热状况的内在因素,也是农业上控制土壤热状况,使其有利于作物生长发育的重要物理因素,可通过合理耕作、表面覆盖、灌溉、排水以及施用人工聚合物等措施加以调节。

2.3.6.1　土壤热容量

土壤热容量又称土壤比热,即每单位质量土壤当温度升高 1℃ 时所需的热量。以土壤重量为单位时称土壤重量热容量(C_p);以土壤容积为单位时称土壤容积热容量(C_v)。干燥土壤的容积热容量等于土壤重量热容量与土壤容重的乘积。

土壤各组分的热容量不同。其中以水的热容量为最大,空气的容积热容量最小,因而土壤水是影响热容量的主导因素。农业生产上常通过水分管理来调节土壤温度,如低洼易积水地区在早春采取排水措施促使土壤增温,以利种子发芽等。

2.3.6.2　土壤导热率

土壤导热率是表征土壤导热性质的物理参数或导热系数,即在稳态条件下每秒钟通过截面积为 1 cm²、长度为 1 cm、两端温差为 1℃ 的土柱时所需的热量。数学表达式为:

$$\lambda = \frac{Q/AT}{(t_1 - t_2)/d}$$

式中,λ 为导热率;Q 为 T 时间内、流经厚度为 d、横截面积为 A 的土柱的热量;t_1 和 t_2 为土柱两端的温度,$(t_1 - t_2)/d$ 为温度梯度。

土壤各组分的导热率不同:矿物的导热率最大,其次为水,空气的导热率最小。

土壤导热性的调节主要依靠土壤水,如在农业生产中通过灌水增加土壤含水量以防霜冻等。

2.3.6.3　土壤导温率

土壤导温率是表征土壤导温性的物理参数(或导热系数),有时也称温度扩散率或温度扩散系数。其物理含义是在标准状况下,在土层垂直方向单位土壤容积中,流入相当于导热率 λ 时的热量后所增高的温度,单位为 cm²/s。计算式如下:

$$K = \frac{\lambda}{C_v}$$

式中,λ 为土壤导热率;C_v 为土壤容积热容量。

土壤水分对土壤导温性有明显影响,一般呈双曲线关系,即从干土变为湿土时 K 值不断增加,但当土壤水分含量超过一定限度时 K 值即不断地下降,其转折点因土而异。耕层土壤的 K 常数低于底层。在工农业生产中为了解土壤剖面不同深度在不同时间内土壤温度的变化规律,常需测定土壤导温率。

由于土壤是一个不均质体,其组分的变化常受时间和空间变化的影响,决定土壤热性质的各个参数只是相对稳定,并不是绝对常数。

2.3.7 土壤空气

土壤空气是指存在于土壤颗粒表面、未被水分占据的孔隙中和溶于土壤水中(溶液中)的空气。土壤空气的数量、组成和更新状况对植物生长,特别是对根系的发育和生长影响极大;土壤的生物学过程、化学过程和养分的有效性也与土壤空气有关。土壤通气状况常根据土壤的空气含量、通气孔隙、通气量、氧化还原电位、气体扩散系数,土壤空气中氧的含量、氧扩散率、二氧化碳分压,呼吸系数,还原性物质总量或土壤的颜色和气味等加以判断。

2.3.7.1 来源与存在状态

土壤空气主要来源于近地表的大气。但也有部分是土壤呼吸过程和有机质分解过程的产物。根据空气在土壤中存在的状态分为自由态(即游离态),吸附态和溶解态 3 种。自由态空气指存在于土壤中未被水分占据的孔隙中的气体,其容量主要取决于土壤颗粒的排列状况和水分的含量;吸附态空气指吸附土壤颗粒表面的气体,其容量决定于土壤颗粒的比表面积和气体分子结构的偶极矩;溶解态空气指溶解于土壤水(或溶液)中的气体,其容量受气体分压、温度和气体成分的溶解度决定。3 种状态中以自由态空气最为活跃,其次是溶解态。

2.3.7.2 组成

土壤空气的组成大体上与大气组成相近似。早在 1852 年,法国学者布森戈(J. B. Boussingault)就首先确定了土壤空气组成的容积百分含量:氮为 $78.80\% \sim 80.24\%$;氧为 $10.35\% \sim 20.03\%$;二氧化碳为 $0.74\% \sim 9.74\%$。与大气相比,其氧含量较低,而氮和二氧化碳含量较高。渍水土壤的空气中还含有一定数量的还原性气体如甲烷、硫化氢和氢,有时还有磷化氢、二硫化碳、乙烯、乙烷、丙烯和丙烷等。但土壤空气的组成常随季节、昼夜、土壤深度、土壤水分、作物种类和生长期的不同而变化。

2.3.7.3 土壤空气更新

土壤空气的更新主要是靠土壤空气与大气间的相互交换,包括气体质流和气体扩散。前者服从于达西定律,后者服从于费克定律。影响土壤中气体质流的因素包括气象因子(温度、气压、风和降水等)、土壤因子(结构性、水分含量和通气孔隙等)、生物因子(动植物和微生物的活动等)和人类生产活动因子(耕作、施肥和排灌等)。1904 年白金汉(E. Buckingham)提出土壤气体扩散常数 D 与土壤自由孔隙度 S 的平方成正比:$D = KS$。式中比例常数 K 为扩散系数。1940 年彭曼(H. L. Penman)提出土壤气体扩散的基本方程:

$$D = D_0 \times S \times \frac{L}{Le}$$

式中,D 为土壤气体的扩散系数;D_0 为气体在大气中的扩散系数;S 为孔隙度;L 为气体通过的直线距离(土层厚度);Le 为气体通过的实际距离;用相对扩散系数作为气体扩散的指标。近期的研究多围绕土粒的粗细、形状以及孔隙的大小、形状和质量等因素对彭曼方程提出种种修改。

2.3.7.4 调节

土壤空气的含量主要取决于土壤的通气性,而土壤通气性则由土壤中孔隙的多少和大小比例决定。通常合理耕作,轮作和灌水、排水等措施可以达到调节土壤空气含量和组成的目的。

2.3.8　土壤物理机械性质

土壤物理机械性质又称土壤动力学性质。指决定土壤对外力反应的物理性质,主要包括土壤结持度、土壤强度、土壤流变性和土壤压缩性等。土壤机械物理性质既影响植物根系的分布和生长,也是决定土壤耕作和农业机具设计的重要因素。

2.3.8.1　土壤结持度

土壤结持度是指土壤在不同含水量情况下表现出不同结持性(土壤颗粒之间的相互吸引力)和粘着性(土壤颗粒借助于表面的水膜与外物之间的吸引力)的物理状态。可分4种状态:硬性结持、酥性结持、可塑性结持和粘滞性结持,分别由收缩限、塑性下限和塑性上限(液限)等3个临界含水量(又称结持常数)作它们之间的界限。收缩限是土壤从明显湿润向明显干燥转变的交界点;塑性下限是土壤颗粒表面的水膜刚能满足土壤颗粒正常移动时所需的最低含水量;塑性上限,指土粒在作用力下刚发生流动时的含水量。塑性下限和收缩限含水量的差值称酥软指数。塑性上限和塑性下限含水量的差值为塑性指数。土壤处于硬性结持度时,耕作土壤阻力大,易形成大土块或粉末状;土壤处于粘滞结持度时的土壤承载强度低,机具难以运行,易破坏土壤结构;土壤处于塑性结持度时,耕作中易发生粘闭。土壤上述3种结持度对土壤耕作均不理想,只有处于酥性结持度时才适宜耕作。

2.3.8.2　土壤强度

土壤强度是指土壤抵抗或支持外加力的能力,随作用力的方式不同而异。常以剪强度表示。剪强度由土壤内聚力(或称粘结力)和内摩擦力等参数所构成。根据莫尔—库伦方程,剪强度 τ 与内聚力 C 和内摩擦力的关系如下式:

$$\tau = C + \sigma \tan \sigma \text{ 或 } \tau = C + \sigma \tan \theta$$

式中,σ 是垂直应力;θ 是内摩擦角。如果剪切面上不存在垂直应力,则 $\tau = C$。试验表明,内摩擦角和内聚力与土壤性质和含水量都有关。决定剪强度的垂直应力的是有效应力,即土壤骨架承受的应力;垂直载荷下的饱和土壤则孔隙水也承受压力,因而将减低有效应力。孔隙水承受的压力称为孔隙水压力。精确计算各种类型土壤的剪强度,常借助三轴剪力仪。

2.3.8.3　土壤流变性

土壤流变性是指土壤在外力作用下产生变形或流动时存在的应力与变量之间的关系。分两种情况:

①处于干燥状态的粘土因有弹性性质,应力与变形量成直线关系,即:

$$\tau = Gr$$

式中,τ 为应力;G 为弹性系数;r 为变形量。

②稀薄的稳定泥浆,应力和应变量无单值关系。当有效应力增加时,变形以较高的速度连续发生。应力与变形速度之间成直线关系的液体称牛顿液体。当泥浆达到一定浓度后即产生结构,这时体系具有一定强度(称非牛顿液体)。体系受到扰动时强度减低的现象称为触变。使其发生流动所必须施加的应力即为塑变值。田间土壤多呈塑性体;此外也有粘弹体,包括固体粘弹体(固结的砂质粘土)和液体粘弹体。

2.3.8.4　土壤压缩性

土壤压缩性是指土壤容积在施加压力下的变化。压力和土壤孔隙比 e（单位载荷的孔隙比）的关系为：

$$e = A \log PC$$

式中，A 为压缩指数；P 为载荷；C 为常数。

压缩的主要原因是颗粒趋于定向排列和粘粒吸附水减少。水分饱和的土壤在载荷下产生的排水压缩称为固结。

2.4　土壤水分常数与土壤含水量

2.4.1　土壤水分常数

土壤水分常数是指在一定条件下（状态下）土壤的特征含水量，完全依赖于土壤本身特性的含水量。需要强调的是土壤水分常数，并非是一个点，而是一个极小的含水量范围。

2.4.1.1　吸湿系数

当土壤固相颗粒的表面吸附作用与解吸作用达到平衡后，土壤的含水量称为吸湿系数。大概有 15～20 层水分子，厚度 4～8 nm。不同土壤吸湿系数不一样。一般，粘土＞土壤＞砂土。另外吸湿系数大小还与测定时温度有关，温度高，吸湿系数小。

最大吸湿量：在空气相对湿度饱和的情况下，土壤颗粒表面对水汽分子吸附与解吸达到平衡后的土壤含水量。

最大吸湿量测定：用剩有 10% H_2SO_4 干燥器进行，相对湿度 96%～98%（25℃）。

2.4.1.2　凋萎系数

当土壤含水量减少到土粒对水分子的引力等于或大于 1.5×10^6 Pa 时，植物会因无力吸水而发生永久性凋萎，土壤对水分子引力等于 1.5×10^6 Pa 时的土壤含水量称为永久萎焉点或凋萎系数。

凋萎系数＝吸湿系数×1.5（**注**：经验公式，最好对需测土壤进行实测后确定）

凋萎系数的意义：

①表明植物可利用土壤水分的下限，土壤含水量低于此值，植物将枯萎死亡。也就是土壤水分有效性的下限值。

②制定灌溉制度的下限。

影响凋萎系数因子分为土壤因子和植物因子。

2.4.1.3　最大分子持水量

最大分子持水量是指当膜状水的水膜达到最大厚度的土壤含水量，包括全部吸湿水和膜状水。一般土壤的最大分子持水量约为最大吸湿量的 2～4 倍。

2.4.1.4　毛管断裂含水量

毛管水分运行速度很快,当地表蒸发时,下层水分沿毛管向上移动,补充地表水分损失,当含水量降低到一定水平,毛管水分就失去了连续性,在一些较大孔隙充有空气阻隔水分移动,这时的土壤含水量叫毛管断裂含水量。毛管断裂含水量相当于田间持水量的 60%～70% 左右。也是人们常说的水分胁迫点。

2.4.1.5　田间持水量

(1)概念:毛管悬着水达到最大数量时,土壤的含水量叫田间持水量。给土壤充分灌水后,及时覆盖地表,防止蒸发,让其平衡 2～3 d,到土壤湿度基本稳定后测得的土壤含水量。

(2)特点:降雨或灌溉后,大孔隙中的重力水已经排除,渗透水流已降至很低或基本停止时土壤所吸持的水量,也是以重量百分率表示。所吸持的水相当于吸湿水、膜状水和悬着水的全部。此时的土壤含水量约为吸湿系数的 2.5 倍,水吸力在 0.3 大气压之间,也称为 1/3 bar 含水量。

(3)影响因素:田间持水量的大小与土壤孔隙状况及有机质含量有关,粘质土壤、结构良好或富含有机质的土壤,田间持水量大。田间持水量是大多数植物可利用的土壤水上限,大多数土壤只在降水后达到田间持水量。

(4)意义:

①制定灌溉定额的上限。

②表示土壤水分有效性的上限值。

2.4.1.6　毛管持水量

毛管持水量又称最大毛管水量,是指土壤所有毛管孔隙都充满水分时的含水量,也是毛管上升水达到最大数量时,以土壤含水量称之。也称为 1/10 bar 含水量。毛管持水量包括吸湿水,膜状和上升毛管水三者的总和。

2.4.1.7　全持水量

全持水量又称为饱和含水量,是指土壤所有孔隙全部充满水分时的含水量。当土壤处于饱和状态时,土壤通气性差,不利于旱作物生长发育。全持水量常作为表示土壤水分饱和度的标准,是计算淹灌稻田各种水量的依据。

不同类型土壤的水分常数是不同的,主要决定于土壤的质地和结构状况。一般情况下,质地和结构相近的土壤,它们的各种水分常数大体相近;而质地和结构不同的土壤,当达到某一水分常数时,其含水量各不相同,但其被土壤所保持的力是相同的。一般是质地粘重,有机质含量高,结构良好的土壤所保蓄的水分较多,其土壤水分数常值也相应较高。

2.4.2　土壤含水量及其计算

2.4.2.1　土壤含水量的概念

土壤含水量又称为土壤湿度,它是指在一定量的土壤中所含水分数量的多少。土壤含水量是研究土壤水分的基本指标和依据,无论在土壤水分状况,农田灌排或植物蒸腾等方面的研究中都是一项重要的指标。

2.4.2.2　土壤含水量的测定

测定土壤含水量的方法有多种。有直接测定的方法也有间接测定的方法,有适于室内测定的方法也有适于野外现场测定的方法,如烘干法、酒精燃烧法、红外线干燥法、碳化钙法、电阻块法、热传导法、热电偶法、中子法、γ 射线法和微波法等,但目前仍以烘干法作为标准方法。

2.4.2.3　土壤含水量的计算方法

(1)重量含水量

土壤质量含水量:土壤中保持的水分质量占土壤质量的分数(g/kg)。一般采用烘干法测定土壤质量含水量,105℃烘干 8 h,至恒重。(特别提示:粘粒土壤需要 16 h。)

$$土壤含水量=(原土重-烘干土重)/烘干土重=水重/烘干土重$$

(2)容积含水量

土壤含水量以土壤水分容积占单位土壤容积的百分数表示。

$$土壤含水量=水分容积/土壤容积=土壤含水量×土壤容重$$

(3)相对含水量

以某一时刻土壤含水量占该土壤田间持水量的百分数。

$$旱地土壤相对含水量=土壤含水量/田间持水量$$
$$水田土壤相对含水量=土壤含水量/全蓄水量$$

(4)水层厚度

水层厚度 DW 是指一定厚度(h),一定面积(s)的土壤中的含水量相当于多少面积相同的水层厚度。其单位为 mm。

$$水层厚度=土层厚度×土壤含水量$$

(5)水的体积

$$水的体积=水层厚度×面积$$

(6)有效含水量

土壤中的水分,并不是全部能被植物的根系吸收利用。土壤水的有效性是指土壤水被植物吸收利用的状况。

一般情况下:

$$最大有效含水量=田间含水量-凋萎系数$$
$$有效水分含量=自然含水量-凋萎系数$$

能被植物利用的有效水的数量比较复杂,受土壤质地、结构、土壤层位及有机质含量的影响较大。

2.5　土壤水与作物生长

农业生产中,农林牧渔对水的要求各不相同,需要通过防洪、灌溉、排水等措施保证生产的顺利进行。农业用水的各个环节都归结于土壤水,土壤水多少和利用状况严重影响着农业生产。

土壤水分及其调节对作物生长有着十分重要的作用。首先,水分是植物有机体的重要组成部分。是指物体中一些最重要的生命活动的参与者。植物在其生长发育过程中，需要消耗大量的水分，据研究每形成一份干物质需要消耗 125～1000 份水，平均约消耗 300 份水。这些水分绝大部都得由土壤供给。其次，土壤水对土壤养分、空气预热状况等一系列土壤性质都有重要的影响，从而影响植物生长。没有水对土壤养分的有效化，植物对土壤养分的吸收不可能进行；另一方面如果水分过多，则形成空气不足、土温过低、有毒物质积累，植物生长发育同样会受到严重危害。

因此，为了保证作物正常生长发育，要求土壤在作物全生育期内都具有适宜的水分状况。

2.5.1　发芽出苗对土壤水分的要求

广东雷州半岛、云浮等地区，春旱、秋旱、冬旱或者秋冬春连旱经常发生。因此，抗旱播种与保证全苗就成为夺取农业丰收的一个关键问题。

土壤水分从两方面影响种子发芽与出苗。一方面，种子发芽出苗需要吸收水分，虽然一般作物种子在凋萎湿度时就可以发芽，但要出苗整齐、迅速，则要求稍高的含水量；另一方面，种子发芽出苗还要求一定的温度条件，早春温度尚低，土壤湿度过大，低温不易升高，也会影响到种子的发芽与出苗。所以，早春土壤湿度与作物出苗率之间呈现抛物线的关系，即随着土壤由干到湿出苗率逐渐增加，到达一定湿度之后，水分再增加则出苗率又逐渐降低。春末初夏，温度已升高，这时出苗湿度要比早春高。

2.5.2　根系生长对土壤水分的要求

根深才能叶茂。作物必须具有发达的根系，才能充分吸收利用土壤中的水分和养分，使作物生长健壮。一般来说，根系生长适宜含水量与地上部分比较应当稍低些。因为适当偏干有利于土壤通气，保持较高的氧浓度，也有利于植物体内碳水化合物向根部运输，这些都可以促进根系生长。所以，在作物生长前期，土壤保持一段时间适当干旱有利于根系生长。如水稻分蘖末期实行适当的烤田可显著提高根的数量与质量。

2.5.3　需水临界期对土壤水分的要求

各种作物在其生长过程中往往有一需水特别迫切的时期，称为需水临界期。这个时期如果土壤供水不足，将会造成作物严重减产。如水稻在孕穗抽穗期。一般来说，都是在形成生殖器官时对水分需求特别迫切，成为需水临界期。

2.5.4　成熟期对土壤水分的要求

禾谷类作物成熟包括两个过程：一是物质向种子转运过程，一是变干过程。这两个过程速率都与土壤水分有很大关系。后期干燥可加速变干过程，促使成熟提早。

第 3 章　FDR 土壤水分传感器

广东省土壤墒情监测系统土壤水分自动站型号为 DZN3,使用广东省气象计算机应用开发研究所生产的 HYA-M 型数据采集器,以及澳大利亚 Sentek 公司的 EnviroSMART 型号的土壤水分传感器,该传感器使用 FDR 技术,直接测量土壤的体积含水率。

3.1　FDR 测量原理

EnviroSMART 土壤水分传感器采用了频域反射(FDR)测量技术。频域反射(FDR)测量技术是通过测量放置在土壤中的两个电极之间的电容形成的振荡回路所产生的信号频率来测量土壤电介质,而土壤电介质与土壤水分是密切相关的。

土壤水分与振荡电路的关系如图 3.1 所示,当在两个电极之间加上电压时,振荡回路会产生频率信号,频率的大小随土壤电介质而改变,通过测量频率信号从而测量出土壤水分。图 3.2 中黄色的铜环就是振荡电路中电容器的两个电极。

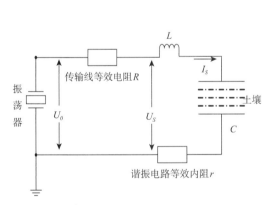

图 3.1　高频振荡电路示意图　　　　　　　图 3.2　单个传感器实物图

EnviroSMART 利用传感器在不同含水率土壤中的归一化频率 SF(scaled frequency)变化来测量土壤体积含水率(θ)。采用串联 LC 谐振电路。

由于谐振发生的条件成立,谐振频率:

$$F = \frac{1}{2\pi\sqrt{LC}} \frac{1}{\sqrt{1+1/Q^2}} \tag{3.1}$$

式中,Q 是谐振回路的品质因素,由于土壤是回路的一部分,Q 受到土壤的影响。有的研究采用并联 LC 谐振电路消除土壤对 Q 值的影响,EnviroSMART 传感器采用了归一化频率消除 Q 值的影响。通过电容与介电常数的关系:

$$\varepsilon = C/C_0 \tag{3.2}$$

可以求得土壤的相对介电常数,其中 C_0 是介质为空气时候的电容。许多文章研究证实土壤介电常数 ε 与土壤含水率 θ 之间具有线性关系:

$$\theta = a\sqrt{\varepsilon} + b \tag{3.3}$$

式中 a,b 是两个常数,由土壤的类型决定。

归一化频率定义为:

$$SF = \frac{F_a - F_s}{F_a - F_w} \tag{3.4}$$

式中,F_a 为仪器放置于空气中所测得的频率;F_w 为仪器放置在水中所测得的频率;F_s 则为仪器安装于土壤中所量测得到的频率。

联立以上公式,在实验数据拟合的基础上,土壤含水率与 SF 之间的关系可以用幂公式表述:

$$\theta = m \cdot SF^n \tag{3.5}$$

式中 m 和 n 为拟合参数。

传感器标定频率和体积含水率之间的关系通过公式(3.6)描述:

$$SF = A \cdot \theta^B + C \tag{3.6}$$

式中,A,B,C 参数可以通过函数拟合得到,它们受土壤类型以及土壤结构的影响,对于每一个地方土壤的精确的 A,B,C 值要通过实验室获得的数据来确定。

土壤水分传感器通过接口控制器与数据采集器连接。当数据采集器发出采样命令时,接口控制器从每个传感器读取振荡频率,进而计算出该传感器附近的土壤所含的体积含水率。然后接口控制器统一将每一层次所测量到的土壤体积含水率发送到采集器中进行处理、存储。

3.2　传感器拆装

业务上每一个站点使用 8 个传感器,与接口控制器一起作为一组,观测 8 个层次深度的土壤的体积含水率。熟悉传感器组的拆卸与安装,对了解传感器的工作原理、工作方式,提高技术水平、提高业务观测能力和仪器维护能力均有帮助。

传感器组主要由几个部分组成,分别是总线结构件、单个传感器以及接口控制器。总线构件如图 3.3 所示,包括保护传感器的的 PVC 外管、塑料材质固定传感器用的轴杆以及用于传感器电气连接的总线。

图 3.3　总线结构件

　　在总线上每隔 10 cm 有一个连接插槽,顶端的插槽与接口控制器相连接,每个传感器按照所需要观测的层次放置在相应的位置并与总线插槽相连接。传感器以总线方式与接口控制器连接,每个传感器按照所需要观测的层次放置在相应的位置并与总线插槽相连接,用跳线设置传感器地址,不同跳线位置代表所连接的不同传感器,按照观测深度由浅到深顺序不能插错。如图 3.4 所示,双排插针的上面部分黑色小块就是跳线,图中所在的位置代表第八层的土壤水分传感器;双排插针的下面部分插到轴杆的黑色排针插座上,是单个传感器的电气连接口。

图 3.4　单个传感器的总线连接

　　接口控制器(图 3.5)安装在传感器组的顶端(图 3.6)。它一端的背面与单个传感器一样,具有双排针插头,与多个传感器连接在一条总线上。另一端用两个螺丝固定在轴杆上,并具有一排绿色的插拔式接线端口,用于传感器组供电以及信号传输。

　　接口控制器作为一个从属设备与数据采集器连接。利用初始化标定程序“IPConfig Utility”设置接口控制器的地址,可以将传感器数量及测量层次、对测量场地的空气及水进行现场标定的初始化值及相应的标定系数存储起来,并且将这些信息提供给数据采集器。

　　一个接口控制器被默认为地址“0”,如果有多个接口控制器连接在总线上,可以分别设为地址“1”、“2”、“3”……,数据采集器可以用不同的地址来控制相应的土壤水分传感器进行土壤体积含水率的测量。

图 3.5　接口控制器外观

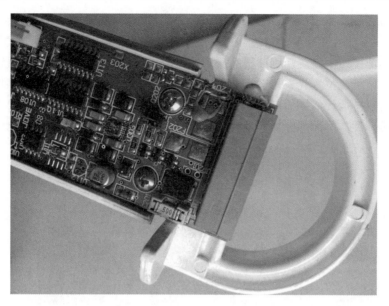

图 3.6　接口控制器端子

　　在拆卸接口控制器的时候,首先拔掉绿色接口的供电插头,然后拆掉如图3.6中的两个固定螺丝,再用小螺丝刀将连接总线端的排线轻轻撬起。图下方标识0.500的器件是陶瓷保险丝,电源反接或者雷电冲击的情况都会造成保险丝烧断。

　　拆卸单个传感器的时候,先用小螺丝刀将传感器与总线的连接排针撬起,如图3.4所示,把撬出来的排针插头稍微往外拉,使排针插头离开轴杆远一点,以免接下来拉动传感器的时候插头挤压在轴杆的插座上,甚至扯断排针与传感器的连接线。接下来左手紧握轴杆,右手拇指压住传感器另外一侧的固定扣(图3.2),固定扣压下去之后传感器就可以在轴杆上滑动,缓慢地滑动传感器直至从轴杆末端取出传感器(图3.7)。

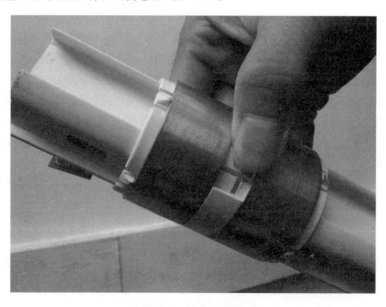

图 3.7　滑动传感器

安装单个传感器的时候操作顺序相反。将传感器拿好,排针插头与轴杆总线在同侧,固定扣与轴杆固定凹槽同侧,无排针插头一端先套进轴杆,缓慢滑动传感器至合适的位置,用食指将固定扣压在凹槽内,然后将双排针插头插到总线上,注意插线的时候不要只插到单排。最后,检查一下插头外侧的跳线连接是否正确。

3.3　技术优势及指标

基于频域反射技术的土壤水分测量虽然是近年才兴起的一种方法,但是与其他测量方法相比具有以下几点优势:

①采用 FDR 测量技术、电容原理测量土壤水分,无化学品,无放射性。
②传感器位置可调,可分别测量不同深度的土壤体积含水率。
③传感器配制灵活,测量精度高,性能稳定。
④安装时不破坏土壤结构,操作方便,可靠性高。
⑤部件模块化,维护及检定极为方便。

FDR 土壤水分传感器技术指标见表 3.1。

表 3.1　传感器技术指标

特征	性能指标
传感器安装层数	8
传感器测量原理	频域反射(FDR)测量技术
输出选项	RS-485
输出分辨率	16 位
输出方法	连续数据
电流消耗	休眠 2 mA;激活 11 mA;采样 40 mA
分辨率	0.01%
精度	$+/-0.1\%$
读数范围	由干到饱和
工作温度	$-20\sim75℃$
读一个传感器的时间	1.1 s
感应范围	99% 是从管子外部 10 cm 以内的范围读取
传感器直径	50.5 mm
管道直径	56.5 mm

3.4　传感器标定

由于自动土壤水分观测仪安装处的土壤类型、土壤剖面的各组织层、植被类型及覆盖度各不相同,使得土壤电导率各不相同。

土壤电导率主要取决于土壤孔隙的数量及大小、土壤水电导率(或孔隙水电导率)和土壤颗粒。土壤质地、密度的不同,使得土壤的粒径即砂粒、粉粒和粘粒含量的比例不同。其中粘粒含量的多少,对土壤的介电特性有一定的作用。对于不同的土壤,由于电导率的影响,特别是土壤的酸碱度影响,不能使用通用的校准公式,需要对具体的土壤类型进行数据订正,以获得正确的土壤含水量。

3.4.1 土壤水分传感器现场标定的目的

土壤水分传感器在安装前需要先进行现场标定。通过标定程序"IPConfig Utility"对 SDI-12 接口控制器进行初始化设定。内容包括对 SDI-12 接口控制器的地址设置;对传感器数量及测量层次的设置;对测量场地的空气及水的现场标定;对每个传感器进行的校准。所有的标定参数都存储在 SDI-12 接口控制器的存储单元中,并且将这些信息提供给数据采集器。每个传感器都能够依照它获得正确的土壤体积含水量。

从测量原理上来说,对测量场地的空气及水的现场标定主要是为了根据地区差异修改归一化频率公式(3.4)中的 F_a 和 F_w。由于安装地点不同,不同地区的土壤中自由水混合物的构成也不完全一样,有的地方地表水酸性偏高,有的地方地表水碱性偏高,有的地方地表水矿物质含量大,有的地方地表水有机质含量大。这些不同的构成均不同程度地影响水的介电常数,因此为了测量更加准确,取安装地现场的水进行 F_w 的测量,同时进行 F_a 的测量。

3.4.2 土壤水分传感器现场标定的方法

(1)安装标定程序"IPConfig Utility"软件

执行安装程序"IPConfig Setup",根据提示进行安装,可以选择安装路径,选择在桌面上设置快捷方式,如果程序安装正常,显示安装结束,最后用鼠标单击 Finish 按钮,结束安装程序。

(2)启动"IPConfig Utility"软件

启动软件后界面如图 3.8,还没连接上传感器接口控制器。

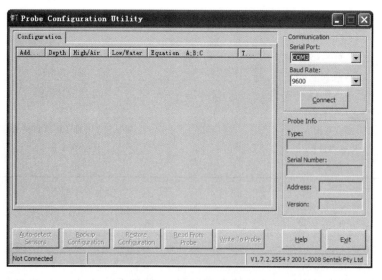

图 3.8　现场标定窗口

图 3.9　接口板通信设置

　　在 Serial 选项中选择计算机与传感器通信的串口,在 Baud 选项中选择好通信的波特率 9600,再点击 Connect 按钮(图 3.9),如通信成功按钮则显示成 Disconnect(图 3.10)。此时再点击则会断开计算机与传感器的通信。

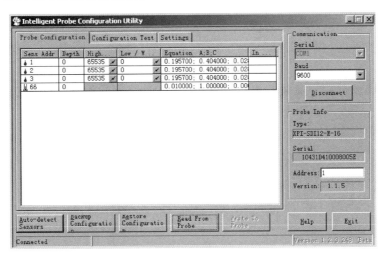

图 3.10　参数设置主界面

　　连接成功之后直接进入传感器参数设置界面,如图 3.10,左边 Probe configuration 窗口显示单个传感器的所有参数,包括每一层探测深度设置(单位为 cm),传感器在空气中测得的频率,以及在水中测得的频率,以及根据归一化频率方程的各项系数。右边 Probe Info 栏中会显示出传感器的信息,如图 3.11。其中 Type 为传感器类型;Serial 为传感器的序列号;Address 为 SDI-12 的通讯地址,默认值为 0,如需修改直接选中输入修改的地址即可。Version 为传感器的版本号。

　　此时界面显示的参数是上一次保存在接口控制器里面的参数,并非此时所连接的单个传感器的实时状态。点击左下角 Auto-detect Sensors,接口控制器将检测此时的传感器状态,如果某一层次的传感器故障不能通过检测,界面刷新之后将不会显示故障传感器的信息。

图 3.11　接口板信息显示

如果连接失败,则会提示连接超时告警信息,此时该检查传感器是否通电,传感器与电脑的连接线是否接触良好(图3.12)。

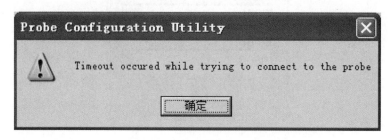

图 3.12　传感器连接超时

(3)设置传感器深度

Depth	High...	Low / W.
10	65535 ✎	0
20	65535 ✎	0
40	65535 ✎	0
0		

图 3.13　设置深度示意

在 Probe configuration 标志栏中点击需要修改深度表示的传感器对应的 Depth 位置,如图3.13所示输入深度值即可,注意所输入深度的单位是厘米(cm)。

(4)在空气中标定

Depth	High...	Low / W...
10	38326 ✎	19517 ✎
20	37751 ✎	19498 ✎
40	38202 ✎	19537 ✎
0		

图 3.14　高频率标定示意

将土壤水分传感器放置在安装管中,安装管的二端用木质材料架起来使土壤水分传感器离开地面,人要离开传感器测量范围,再点击对应传感器的 High/Air 位置的✎按钮进行空气的标定,直到数据稳定时再点击✎按钮(图3.14)。

参数修改完毕后点击 Write to probe 此时会弹出对话框,此时点击 OK 按钮将修改的参数写入传感器(图3.15)。

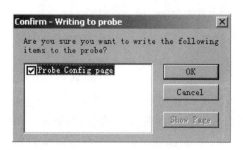

图 3.15　参数保存示意

在 Configuration Test 标志栏中点击 Query All Sensors,查询相对应的体积含水量,在空气中,每个传感器测出的体积含水量在 0%~0.02% 之间为正确。

(5)对水进行标定

标定桶盛满水,将土壤水分探测器的每个传感器顺序放置在标定箱 PVC 管中央,如图 3.16,人要离开传感器测量范围,再点击对应传感器的 Low/Water 位置的📈按钮进行水的标定,数据稳定时再点击📈按钮。与空气中标定步骤一样,点击 OK 按钮将修改的参数写入探测器。

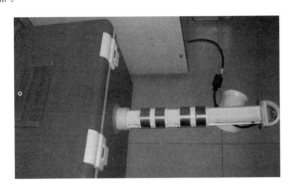

图 3.16　水中标定

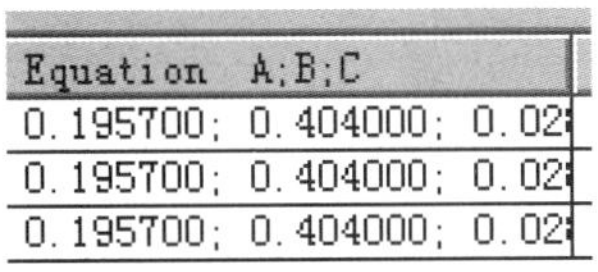

Equation　A;B;C
0.195700; 0.404000; 0.02₃
0.195700; 0.404000; 0.02₃
0.195700; 0.404000; 0.02₃

图 3.17　设置归一化频率系数

在 Configuration Test 标志栏中点击 Query Selected Sensor,查询相对应的体积含水量,在水中,传感器测出的体积含水量在 51%~55% 之间为正确(因为当地水质不同,测量值也会相应改变,但不同传感器测量值的变化应该在 0.2% 之间。)

按照上述操作步骤对每个传感器进行水的标定。

注:传感器必须放置在标定桶中央,否则,测量值会有较大的差异。

标定完空气和水两个状态后,后面还有一栏 A,B,C 参数,如图 3.17,是归一化频率 SF 公式中使用的系数,统一设置 A 为 0.195700,B 为 0.404000,C 为 0.028520,写入探测器保存。

第4章　探测系统

目前广东省安装的土壤水分观测自动站为八层水分观测系统,探测深度分别为 10 cm, 20 cm,30 cm,40 cm,50 cm,60 cm,80 cm,100 cm。探测系统的结构如图 4.1。

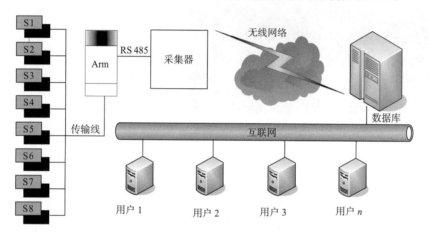

图 4.1　土壤水分探测系统结构

八层传感器经过总线与接口控制器连接,接口控制器对反映了土壤水分含量变化的电信号进行初步的处理,转化成原始采样数据。接口控制器通过 RS485 接口与采集器主机连接。原始采样数据传输到采集器主机之后实现土壤体积含水率的提取以及统计。数据经过处理之后,使用采集系统的数字收发终端(DTU)通过无线网络发送到省级气象局的数据库服务器。服务器将体积含水量转换成相对湿度,重量含水量以及有效水分存储量,并且生成业务上传文件提供给信息中心。另一方面,服务器将收到的数据包通过气象内部网络转发到各个台站,由各个台站的接收软件进行数据处理,以便于台站观测员对自动土壤水分观测的数据进行对比,做报表或者是数据应用研究。

4.1　数据采集器

采集器外观以及操作方式都沿袭了 DZZ1-2 自动站采集器的方式,观测员使用以及维护维修的时候更加方便。数据采集器主机外观如图 4.2,中间上部分是液晶显示屏,按任意键背光亮度打开之后,蓝底白字显示观测要素的分钟采样值,每分钟 00 秒的时候刷新数据。由于土壤水分八层数据使用的显示空间很小,因此保留了 DZZ1-2 自动站大部分的默认显示内容,保持同一系列的风格。中间下部分是按键,对采集器的所有的现场功能性操作都可以在按键上完成。左上角是采集器型号,右下角是采集器定型公司。自动站安装之后的现场实景如图

4.3,主机箱外面贴着自动站的型号 DZN3,传感器安装在采集器后面约 1.5 m 的位置,数据线以及采集器的电源线等通过埋入地下的 PVC 管走线。

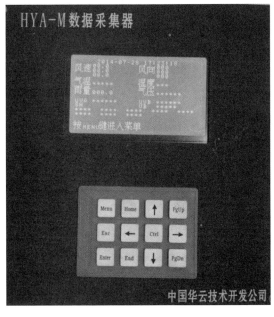

图 4.2　采集器主机

图 4.3　自动站实景

　　数据采集器是自动站的核心,在自动站探测系统中的作用如图 4.4 流程所示。传感器接口控制器通过 RS485 通信协议将体积含水量原始数据传输到采集器主机。采集器经过数据处理后统计实时体积含水量,形成规范的报文数据包在移动无线网络传输到中心处理服务器。中心处理程序将实时体积含水量与各自台站的参数一起,计算业务观测所需要的多种土壤水分产品,并且以规定的文件格式保存起来,上传至业务系统;同时处理程序将数据通过气象局内部网络将数据传输至台站接收软件,生成台站所需要的各种文件。

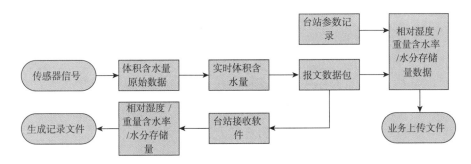

图 4.4　数据传输流程

　　采集器的显示界面如图 4.5。第一行是日期时间,如果采集器时间不正确,系统工作不正常,上传的数据也是无效的,风速,风向,气温,湿度,雨量,气压等显示都是无效的,只是沿袭了 DZZ1-2 型自动站的风格。最下面 SH 两行则是八层土壤水分实时的体积含水率的显示,从左到右即从第一层到第八层的数据。图中显示的"****"代表缺测。按 Ctrl＋Enter,选择参数设置栏,进入参数设置界面如图 4.6。左右箭头移动光标,上下箭头对光标所在的参数进行修改。PUSH 代表采集器主动发送分钟数据的时间间隔,按业务观测要求设置为 05,表示每 5 分钟发送一份最新的分钟数据。STATION 项设置站号,每一个站有且仅有唯一的 5 位站号,如果两个站的站号设置相同,数据接收服务器将会认为是同一个站的观测数据,导致数据相互覆盖。后面的各项用于设置观测项目是否打开,其中后一项 SoiH 表示土壤水分,必须设置成 Y,其他可以保留默认值,不作更改。

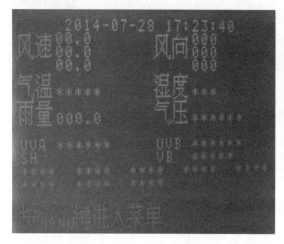

图 4.5 采集器初始化显示

图 4.6 参数设置

　　设置完成之后,返回上一级菜单,选择清除资料命令,将采集器所有保存数据初始化,避免出现缺测或者无效的数据。退出回到主界面,数据显示如图 4.7。如果传感器置于空气中,采集数据均为 0.0%,如果某一个传感器发生故障,对应层次将显示 6553.6。按菜单键选测试项目再选实时数据,则显示每次的采样数据,如图 4.8,采集器每分钟向传感器发 6 次采集命令。并将读取到的采集数据实时显示在该界面上。

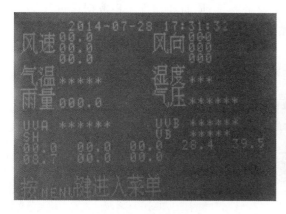
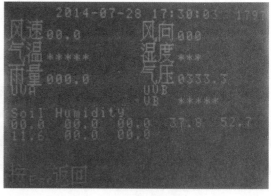

图 4.7 采集器数据显示

图 4.8 采集器测试界面

4.2 采集流程

　　采集器的工作流程如图 4.9。采集器每次加电运行,进入了正常的工作状态之后,就与土壤水分接口控制器进行通讯。设置传感器的测量层次,并且重新读取参数确认设置成功。然后通过时钟触发数据探测和数据处理程序。如图所示,每分钟第 2 秒的时候,重新检查设置是否正确,如果不正确,重新设置。每分钟第 8 秒起每隔 10 秒发送测量命令,等待测量完成,读取测量数据,如果数据通过纵向冗余校验(LRC),进一步进行分钟数据的统计处理,如果没通过则重新获取数据。

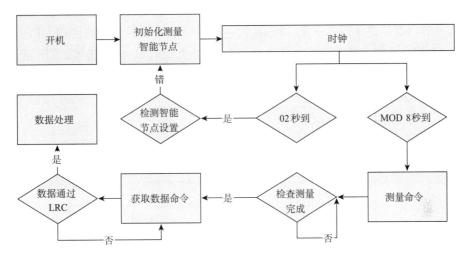

图 4.9　采集器工作流程

图 4.10 描述了采集器与传感器接口控制器的交互命令流程。采集器对传感器的初始化需要发送两次通信指令,获取一次返回信息;采集一次数据需要发送三次通信指令,获取两次返回信息,如果通信出现异常,某一次指令在发送过程出现变码,采集器将重新发送指令。

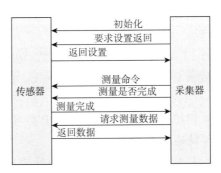

图 4.10　采集器与传感器的交互命令

4.3　无线传输 DTU

DTU(Data Transfer unit)称为无线数据调制解调器,由它和 GPRS 数据传输卡(SIM 卡)及连线组成数据传输单元,是广东省区域自动气象站与省局数据采集中心进行通信的重要单元。DTU 由 GSM 基带处理器(GSM Baseband Processor)、电源模块(ASIC)、GSM 射频部分、存储部分、ZIF 连接器及天线接口等 6 部分组成,框图如图 4.11 所示。基带处理器是整个模块的核心,它由一个 C166CPU 和一个 DSP 处理器内核控制着模块内各种信号的传输、转换、放大等处理过程。其作用相当于一个协议处理器,用来处理外部系统通过串口发送过来的 AT 指令。GSM 射频部分是一个单片收发的 SMARTi 型电路,由一个上变频调制环路发送器、一个外差式接收器、一个射频锁相环路和一个全集成中频合成器 4 个功能块组成。电源 ASIC 部分是利用线形电压调节器将输入电压稳压处理后,供 GSM 基带处理器和 GSM 射频部分使用,另外还有一路输出 2.9 V/70 mA 的电压供模块外的其他电路使用。FLASH 模块用来存储一些用户配置信息。天线连接器是一个 GSC 类型的 50 Ω 连接器。ZIF 连接器提供控制数据、音频信号和电源线的应用接口。

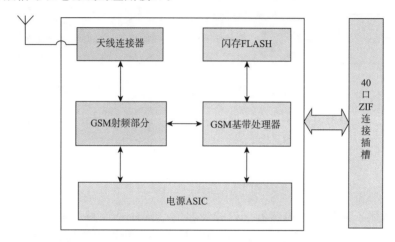

图 4.11　DTU 结构框图

广东省区域自动气象站网基于 GPRS 组网采集探测数据,组网拓扑图如图 4.12。DTU 负责连接 GPRS 网络,接收发送自动气象站资料,在自动气象站与通信处理中心的数据交互中起着桥梁的作用。其工作过程:

(1)DTU 上电后,读出内部 FLASH 中保存的工作参数(包括 GPRS 拨号参数、串口波特率、远程服务器 IP 地址、网络接入口 APN、用户名、用户密码、心跳周期、应答标志、本地模块 ID、远程主机 UDP 端口等)。

(2)GPRS DTU 登陆 GSM 网络,然后进行 GPRS PPP 拨号,通过移动网关实现与省局数据采集中心建立通信连接,并保持通信连接一直存在。

(3)DTU 建立了与数据采集中心的双向通信后,一旦接收到自动气象站的气象探测数据,DTU 就立即把气象探测数据封装在一个 UDP 包里,发送给数据中心。反之,当 DTU 收到数据中心发来的 UDP 包时,从中取出命令数据内容,立即通过串口发送给气象自动站。

DTU 与采集器的连接口如图 4.13。DTU 的工作电压为+5 V,由采集器 C1 口的 1、4 脚供电,其中 1 脚为正,4 脚为负。信号线缆为 RS232 接口形式,由采集器 GPRS 口连接,其中 2、3、4 脚对于采集器而言是信号的收、发、地,应该对应 DTU 的发、收、地。

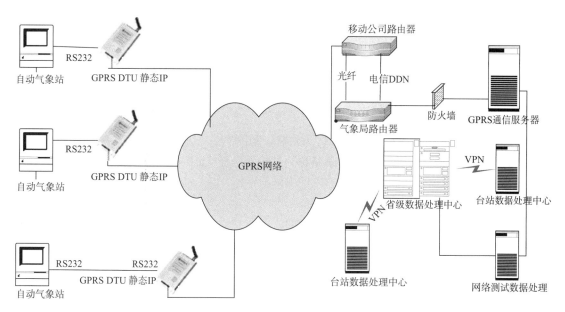

图 4.12　自动气象站数据采集组网结构

图 4.13　DTU 连接口

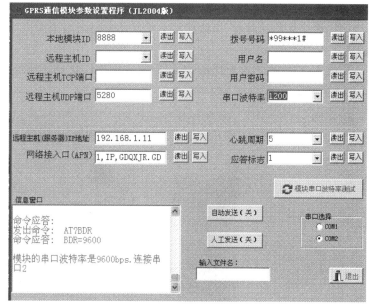

图 4.14　SetMod 程序界面

DTU 在使用前,需用 SetMod 程序设置相关参数,步骤如下:

第一步,首先,SetMod.exe 程序启动后,程序界面如图 4.14,会提示你对模块用户串口的波特率进行测试,找出匹配的速率,以便进行下一步的设置操作。请你点击"模块串口波特率测试"按钮即可,等待一会查看测试结果,如果找到则显示在"串口波特率"参数项上面,否则,请检查连接是否正确。

第二步,点击每个参数项的"读出"按钮,查看缺省设置,根据需要修改参数项内容(选择或者直接输入),然后点击"写入"按钮写入新的参数。如果你不清楚如何修改参数,可以移动鼠标将光标停在参数编辑框内,就可以得到帮助提示信息。

第三步,修改完毕后,最好逐项读出每项参数,验证设置是否成功。然后退出程序。为了保证可靠,最好断电后再加电验证一次。

DTU 修改参数说明:

1)本地模块 ID:为自动气象站站号,不包括字母 G,如 G8888,则只填 8888,如果是 5 位数字的土壤水分站号则填 5 位数字,如 59287。

2)远程主机 ID、远程主机 TCP 端口:为缺省,不用修改。

3)远程主机 UDP 端口:广东省气象局统一按地区分配,如广州端口为 5010。本地区设为本地区号,与区域自动站相同。

4)远程服务器 IP 地址:192.168.1.11。

5)网络接入口(APN):1,IP,GZQXJR.GD。

6)拨号号码:*99***1#。

7)用户名:删除所有字符,设置为空。

8)用户密码:删除所有字符,设置为空。

9)串口波特率:9600(区域自动站使用则设置为 1200)。

10)心跳周期:5。

11)应答标志:1。

注:输入参数的时候,参数前后不要保留空格或者其他任何无用的字符,否则会造成不可预料的通信故障。

DTU 设置好,连接使用的时候,可以通过工作状态灯判断是否正常运行,如图 4.15 所示。如果指示和闪烁不对,更换 DTU。

图 4.15　DTU 状态灯显示

其工作状态由蓝色、绿色、红色三个 LED 指示灯的不同闪烁时间表示。三个 LED 指示灯定义如下:

蓝色:载波(CD)指示灯,亮表示 GPRS 网络正常。

绿色:状态(ONLINE)指示灯,有三种闪动情况:

a)2 秒钟闪动 1 次(亮 1 秒,灭 1 秒),说明连接主机成功。

　　b)1 秒钟闪动 1 次(亮 0.5 秒,灭 0.5 秒),说明拨号连接 GPRS 网成功,但还没有成功连接主机。

　　c)1 秒钟闪动 5 次(亮 0.1 秒,灭 0.1 秒),拨号未成功,没连接 GPRS 网。

　　红色:数据同步(SYNC)指示灯,传输时快速闪动。

第5章　设备安装与观测规定

5.1　观测场地规范

5.1.1　观测地段

土壤湿度测定地段划分为三类：

（1）作物观测地段：为研究作物需水量、监测土壤水分变化对作物生长发育及产量形成的影响，在当地主要旱地作物、牧草和果树等生育期观测地段上所设置的土壤湿度观测地段。仪器安装场地与所在作物地段做相同的田间管理。

（2）固定观测地段：为研究土壤水分平衡及其时空变化规律，所设置的长期固定的、反映当地自然下垫面、无灌溉状态下的土壤湿度观测地段。地段对所在地区的自然土壤水分状况应具有代表性。

（3）辅助观测地段：为满足墒情服务的需要进行临时性或季节性墒情观测，所设置的地段。这类地段数量一般较多，应代表当地的土壤类型和土壤水分状况。为便于历年土壤水分状况比较也应相对固定。辅助地段的设置、测定时间、测定深度等由上级业务主管部门和台站自行确定。辅助地段采用便携式土壤水分仪进行观测，便携式土壤水分仪另行规定。

注：广东省作物主要是水稻，按照农业气象观测管理规定，土壤水分应选择固定观测地段。

5.1.2　选址

观测地段的选择应充分考虑仪器安装地点对于当地土壤类型、地貌、地质条件的代表性。应遵从以下4个条件：

（1）所选地段土壤应能够代表本地区的主要土壤类型，需尽量选择在地势平坦、能代表本地区自然环境下土壤水分变化特征的地块，山丘地区应避免选取沟底、山顶、斜坡和积水洼地等地块。

（2）所选安装地段距离建筑物、道路（公路和铁路）、水塘等须在 20 m 以上，远离河流、水库等大型水体。

（3）作物观测地段，种植面积一般不小于 0.1 hm^2。

（4）固定观测地段，面积一般不小于 10 m×10 m；仪器安装位置必须为自然下垫面，有较厚的自然土壤，而非回填土。

观测地段一经确定不得随意改变，以保持土壤水分观测资料的一致性和连续性。

5.1.3　场地建设

（1）在仪器安装位置周围建设观测场，仪器位于观测地段中央，且同沟槽和供水渠道垂直距离须大于 10 m，避免沟渠侧渗对土壤含水量观测代表性造成的影响。

（2）观测场四周应设置 3 m（东西向）×4 m（南北向）稀疏围栏，高度不低于 1.2 m，围栏不宜采用反光太强的材料。

（3）如果场内仪器安装需要敷设线缆，应在远离传感器安装地点的一侧修建电缆沟（管）。电缆沟（管）应做到防水、防鼠，并便于维护。

（4）观测场的防雷应符合气象行业规定的防雷技术标准的要求。

5.1.4　仪器布设

与场地内其他仪器应互不影响，便于操作。具体要求如下：

（1）数据采集箱安置在北边，土壤水分传感器安置在南边；土壤水分传感器埋设位置距离数据采集箱不小于 1 m。

（2）根据需要确定传感器安装深度和层次。在农业气象观测中一般为：0～10 cm，10～20 cm，20～30 cm，30～40 cm，40～50 cm，50～60 cm，70～80 cm，90～100 cm，可根据观测需求进行调整。地下水位深度小于 1 m 的地区，测到土壤饱和持水状态为止；因土层较薄，测定深度无法达到规定要求的地区，测至土壤母质层为止。

（3）仪器距观测场边缘护栏不小于 1 m。

5.1.5　地段描述与记载

观测地段一经选定，应对地段位置及代表区域的自然地理、水文气象、地质地貌、农田水利工程及农业种植等情况在值班日志中进行勘查记载，其主要内容有：

（1）观测地段所属行政区划，经纬度（精确到秒）和拔海高度（精确到 0.1m）。

（2）观测地段地形及地势、地貌。

（3）观测地段类型、种植作物名称。

（4）土壤质地、酸碱度。

（5）灌溉条件、水源、地下水位深度。

（6）土壤水文、物理特性测定值。

（7）自动土壤水分观测站示意图。

5.2　土壤站建设工作流程

5.2.1　选址及参数测定

选址见 5.1.2 节，在选定观测地段后，应按《农业气象观测规范》要求，在观测地段附近分层测定土壤容重、田间持水量和凋萎湿度等土壤水文、物理常数，并在土壤水分自动站值班日志中填写。

注:本部分主要由市县局和省气候中心负责。具体由市县局选址并测定参数,省气候中心实地调查及审核。

5.2.2　基础配套设施建设

选址、参数符合规定后,完成供电等基础设施。

5.2.2.1　供电

广东省统一采用市电供电方式,要求供电至少入地 200 m 的距离后进入观测场。设置专用供电接线箱(位于围栏内),供电接线箱内装防雷器。

5.2.2.2　防雷

观测场安装独立避雷针(与设备距离 3 m 以上),防雷地网、设备地网分开,接地电阻不大于 4 Ω,接地母线不小于 35 mm² 多股铜束线,设计使用寿命不小于十年。由专业防雷机构进行检测,出具防雷检测报告,取得防雷设施合格证。

5.2.2.3　围栏和安全标识

自动土壤水分观测站不建设在气象观测场内的,必须设置围栏和安全标识。

(1)围栏

在 10 m×10 m 的平整场地中心选定 3 m(东西)×4 m(南北)的区域建设观测场,观测场四周设置约 1.2 m 高的围栏(各地可因地制宜),上下通透,不宜采用反光太强的材料。围栏地下不宜建设基座,采用"打桩"式扎入地下固定。观测场围栏的门开在北面。场地应保持有均匀草层,草高不能超过 20 cm。

(2)安全标识

在土壤水分观测场边缘或围栏上设置固定标牌,标明:广东省××自动土壤水分观测站、经纬度(精确到秒)、海拔高度(精确到 0.1 m)、土壤类型、建站时间等内容。并标明"气象探测设施受法律保护"等警示,以保证仪器安全。

5.2.2.4　水泥基座

各站预先做好采集器的水泥基座,大小为 40 cm×40 cm×40 cm,水泥基座可移动以便安装采集器时移到相应位置。

设备安装位置:采集器位于围栏内北面,传感器位于南面,两者相距 1.5 m,供电箱与采集器相邻。

注:本部分由市县级气象局负责。完成相应任务后应将基本信息和土壤水文参数报给广东省气候中心和广东省大气探测技术中心。

5.2.3　设备安装调试

完成基础设施后,由广东省大气探测技术中心负责设备安装调试,市县级气象局配合。具体要求见相关章节。

5.2.4　田间标定对比观测

完成设备安装调试后,至少进行 6 个月(逢 3、逢 8)的人工对比取土观测时,须跨越干湿两季,使获得的样本分布均匀、能够代表当地土壤水分含量范围并验证仪器在干湿两季过渡期的适应性。取土钻孔的位置应分布在传感器埋设位置四周半径 2～10 m 之间的范围内,完成取土观测后取土孔要立即分层回填,不得在回填孔中再次取土进行对比观测,取土时记录每个钻孔取不同深度土样时的详细时间。将对比数据按照《对比观测记录薄》的格式做好记录。

注:本项由市县级气象局完成,在完成对比观测后选取连续 30 组样本数据报广东省大气探测中心。

5.2.5　田间标定

广东省大气探测技术中心根据各站上报的对比样本完成田间标定,并设置好相关参数。具体见相关章节。

注:广东省大气探测技术中心完成本项工作后,向广东省气象局观测处提交标定报告。

5.2.6　业务检验对比观测

设备田间标定结束后,再连续人工对比观测 1 个月(不少于 6 次)用于业务检验。

注:对比观测要求同"田间标定对比观测",在完成本部分对比观测后,台站将对比数据报广东省气候中心。

5.2.7　业务化检验

广东省气候中心对土壤站进行业务化检验,要求见相关章节。广东省气候中心完成《自动土壤水分观测站试运行评估报告》,并连同《土壤水文参数》、《申请业务运行的台站×月份器测体积含水量汇总表》和《逐站评估结果表》提交给观测处。

5.2.8　申请业务运行

广东省气象局观测处根据广东省气候中心的检验报告衡量可以业务运行的站点,并向中国气象局综合观测司申请业务运行。

5.2.9　业务运行

广东省气象局观测处根据中国气象局综合观测司的批复情况,发出通知。相应站点投入业务运行,取消人工观测。

5.3　日常管理规范

在仪器投入试运行以后,台站业务人员应做好日常使用和维护工作;待仪器通过检验后,按相关要求定期进行检定。

5.3.1　日常工作

(1)保持自动土壤水分观测设备处于正常连续的运行状态,每天 9 时和 17 时正点前 10 分钟要查看计算机显示的实时观测数据是否正常。

(2)根据业务需要,每周巡视观测场和自动土壤水分观测仪等设备1～2次。

(3)每天20时通过自动土壤水分观测仪计算机终端检查前一天采集数据是否完整、是否存在异常数据,如有缺失及时补收。出现异常数据,及时向省级信息技术保障中心报告。

(4)每天做好观测簿记录,通过业务传输软件完成规定气象报文上传,完成气象记录报表的编制或数据文件的制作。

(5)当发现仪器故障时,应记录值班日志,根据故障情况及时通知生产厂家进行必要的处理。

(6)在同人工观测对比期间,做好人工与自动观测数据的记录和分析。

5.3.2 日常维护

(1)定期巡视观测场和仪器设备。

(2)每年至少一次对自动土壤水分观测仪的传感器、采集器和整机进行现场检查、校验。每年春季对防雷设施进行全面检查,对接地电阻进行复测。

(3)按气象部门制定的检定要求(见5.3.5节)进行检定。

(4)无人值守的自动土壤水分观测仪由业务部门每月派技术人员到现场检查维护至少1次,检查、维护的情况应记入值班日志中。对观测数据有影响的还要摘入备注栏。

(5)备份器件、设备要有专人保管,存放地方要符合要求,传感器要完好,不要超检。

5.3.3 数据上传时间规定

自动土壤水分观测站数据每小时00分01秒至05分00秒生成,并采取有线或无线传输至省级气象局信息网络中心,再由省级信息网络中心将数据打包上传至国家气象信息中心。

5.3.4 值班日志填写

(1)每天记录仪器的运行、资料采集、传输和维护等情况。

(2)缺测记录:在自动土壤水分观测过程中,没有按照规定的时间或要求进行观测,或未将观测的结果记录下来,造成空缺的观测记录。

(3)不完整记录:有缺测记录存在的记录集合。

(4)疑误记录:某次记录不完全正确或有疑误时,应根据该记录前、后降水等要素的变化情况和历史资料极值记录进行判断,当某次记录不完全正确但基本可用时,应该按正常记录处理;当某次记录有明显错误且无使用价值时,按缺测处理(记"—")。

5.3.5 仪器检定

自动土壤水分观测仪器应每2年检定1次,不得使用未经检定、超过检定周期或检定不合格的仪器。土壤水分传感器以人工对比观测作为检定标准。

检定合格,可继续使用;否则,仪器检定不合格。对于检定不合格的仪器,可补充人工对比观测一个月后完善标定方程,再进行检定,样本选取方法同前。对于再次检定不合格的仪器,须及时更新或维修仪器,并上报省级主管部门。

注:检定方法见5.2.4节、5.2.5节和5.2.6节。

5.4　月报表规定

5.4.1　月报表的编制要求

（1）时段按北京时，从上月最后一天 21 时至本月最后一天 20 时。

（2）每一个测墒点分配一个区站号，如台站安装有多套测墒设备，则每一套测墒设备拥有各自唯一的区站号。自动土壤水分观测站区站号统一采用地面气象观测站的区站号，即安装在国家级气象台站的用该台站的区站号，安装在原区域站的用该区域站区站号，新建观测点按照区域站区站号编制原则新编区站号。

（3）土壤水分月报数据文件对本月观测数据进行统计，用于质量控制和存档。

（4）各项统计信息通过专用软件完成。

5.4.2　月报表记录处理和编制

5.4.2.1　土壤水分月记录的处理

（1）日值

日平均值指前一日 21 时到当日 20 时的 24 次算术平均值。

日最大值取全日小时值的最大数。

日最小值取全日小时值的最小数。

（2）旬值

旬平均值指本旬每天日平均值的算术平均值。

旬最大值取旬中小时值的最大数。

旬最小值取旬中小时值的最小数。

（3）月值

月平均值指本月每天日平均值的算术平均值。

月最大值取全月小时值的最大数。

月最小值取全月小时值的最小数。

5.4.2.2　缺测处理

一日 24 次有值缺测时，用现有值的时次进行算术平均。

一旬中缺测 2 天以内时，用现有值的日值进行算术平均。

一月中缺测 6 天以内时，用现有值的日值进行算术平均。

以上处理均需在月报表中备注。

5.4.3　月报表格式

自动土壤水分观测记录月报表（农气自表-1）是在观测簿、全月仪器观测数据文件和有关材料的基础上采用计算机加工处理完成。为了日常服务和质量控制的需要，月报表中除了定时记录和日平均外，还有经过初步整理的旬、月平均值、极端值等。自动土壤水分观测记录月报表是气象台站所积累的气象情报资料原始档案,根据上级业务部门的规定或本站气象服务的需要,按照统一的报表格式和编制要求进行编制。

由于自动土壤水分观测记录月报表数据量较大,纸质月报表只打印每天的日平均值部分和封面封底部分。为方便打印,采用 A4 纸横向打印。

5.4.3.1　月报表填写规定

月报表按照目前业务安装八层规定编制,若实际安装层次与此规定不符,按实际安装层次编制上报。

(1)封面

分别填写月报表的年份和月份,作物名称、品种名称、品种类型、熟性、栽培方式、地段类别、台(站)所在地的省(市、区)名、地址、纬度和经度、观测地段的拔海高度、以及台站长和报表编制人员的签名等。

(2)土壤体积含水量

分别记录 0～10 cm,10～20 cm,20～30 cm,30～40 cm,40～50 cm,50～60 cm,70～80 cm,90～100 cm 共 8 个层次的土壤体积含水量的日值、旬值、月值以及 0～30 cm,0～50 cm,0～100 cm 的土壤体积含水量。

(3)土壤重量含水率

分别记录 0～10 cm,10～20 cm,20～30 cm,30～40 cm,40～50 cm,50～60 cm,70～80 cm,90～100 cm 共 8 个层次的土壤重量含水率的日值、旬值、月值以及 0～30 cm,0～50 cm,0～100 cm 的土壤重量含水率。

(4)土壤相对湿度

分别记录 0～10 cm,10～20 cm,20～30 cm,30～40 cm,40～50 cm,50～60 cm,70～80 cm,90～100 cm 共 8 个层次的土壤相对湿度的日值、旬值、月值以及 0～30 cm,0～50 cm,0～100 cm 的土壤相对湿度。

(5)土壤水分总贮存量

分别记录 0～10 cm,10～20 cm,20～30 cm,30～40 cm,40～50 cm,50～60 cm,70～80 cm,90～100 cm 共 8 个层次的土壤水分贮存量的日值、旬值、月值以及 0～30 cm,0～50 cm,0～100 cm 的土壤水分总贮存量。

(6)土壤有效水分贮存量

分别记录 0～10 cm,10～20 cm,20～30 cm,30～40 cm,40～50 cm,50～60 cm,70～80 cm,90～100 cm 共 8 个层次的土壤水分有效贮存量的日值、旬值、月值以及 0～30 cm,0～50 cm,0～100 cm 的土壤有效水分贮存量。

(7)土壤水分站基本信息

分别填写土壤水文、物理特性和纪要栏。土壤水文、物理特性参数填写内容包括土壤容重、田间持水量、凋萎湿度和土壤质地。纪要栏的填写内容包括降水或灌溉情况及日期、影响土壤水分记录质量的仪器故障或人为原因情况、仪器更换或维护日期、不正常记录处理情况等。

5.5　质量考核办法

5.5.1　考核范围

5.5.1.1　观测

与自动土壤水分观测站进行同步观测的人工观测和自动土壤水分观测站出现故障时进行的人工补测。

5.5.1.2　操作

对自动土壤水分观测站的巡视、维护和人工观测资料的输入。

5.5.1.3　报表制作

自动土壤水分观测月报表的生成、预审。

5.5.2　考核内容和统计方法

5.5.2.1　重大差错

①伪造、擅自更改数据记录:伪造是指凭空捏造数据记录;擅自改动是指为掩盖错情而擅自修改数据记录致使记录失真。每发生一次计 15 个错情。

②丢失数据:丢失数据是指人为造成数据库信息丢失且无法从备份数据文件得到恢复的现象,每次计 10 个错情。

5.5.2.2　观测错情

①用烘干称重法进行观测的错情:依照《农业气象观测质量考核办法》(试行)计算。

②用便携式自动土壤水分观测仪进行观测的错情:凡量测错、仪器读数错等,每错一项计 1 个错情,影响错不另算错情;各种统计查算错,每错一项计 1 个错情,影响错不另算错情。

5.5.2.3　操作错情

①定期对自动土壤水分观测仪器进行巡视、维护:未按要求对仪器设备进行巡视、维护造成数据缺测或异常每发生一次(时)计 1 个错情。

②检查自动土壤水分站资料传输情况:由于人为因素造成数据上传缺测每发生一次(时)计 1 个错情。

③录入错情:对自动土壤水分观测站相关参数进行录入,每错一项计 1 个错情。

5.5.2.4　预审错情

①台站应按规定时间定时制作并上报报表,每迟报一天计 0.5 个错情。

②审核发现的报表错误每项给预审员计 1 个错情。

5.5.2.5 错情统计注意事项

①上年度的错情,应当在下一年度中业务检查或质量优秀测报员验收期间被发现时,则合并统计在下一年度的错情中。

②值班员的各类错情因下一班未校对出而被第三者或预审员发现的,主班和校对员各计一半错情。

5.5.3 工作基数和计算方法

5.5.3.1 工作基数

各项工作基数如表5.1。

表 5.1 观测、操作和预审工作基数表

	项目	基数(个)
观测	测定并绘制一次(份)自动土壤水分观测站示意图	10.0
	观测并填写一次观测地段说明	10.0
	用便携式自动土壤水分观测仪器测定土壤水分四个(二个)重复,观测深度50 cm	10.0(5.0)
操作	巡视一次室外仪器设备(整个系统)	2.0
	维护一次仪器设备(整个系统)	5.0
	检查一次自动土壤水分站资料传输情况	0.2
	录入一次土壤水文常数、物理特性值	10.0
	备份数据和数据库维护(每次)	0.4
报表制作预审	自动土壤水分观测月报表制作(每份)	10.0
	自动土壤水分观测月报表预审(每份)	15.0

5.5.3.2 错情和错情比的计算

①观测、操作、报表的工作基数和错情分别统计。

$$工作基数＝观测基数＋操作基数＋报表基数$$
$$错情个数＝观测错情＋操作基数＋报表错情$$

按照错情千分比的计算方法统计,取二位小数,第三位小数四舍五入。

$$个人错情千分比＝(个人错情个数/个人工作基数)×1000‰$$
$$站(组)错情千分比＝[站(组)错情个数总和/站(组)工作基数总和]×1000‰$$

②个人和站(组)的错情和工作基数由站(组)负责核实后登记,定期进行考核,计算错情千分比。

5.5.4 台站考核说明

5.5.4.1 考核内容

台站(组)的测报错情,应是本站(组)无法更正的出站错情,它包括:责任性错误发生次数及折算的错情数;观测、操作发生的错情数;由预审员统计的报表缺报、迟报错情;个人操作、报表错情在站内未被查出,而在省(区、市)气象局发质量通报前被上级部门查出,或站内虽查出但又无法纠正的错情等。

5.5.4.2　统计方法

台站测报工作基数是全台站测报人员所有工作基数之和。错情、错情率精度和测报错情比计算方法同上。其它错情的原因需在质量考核表备注栏中备注。

5.5.4.3　有关说明

①自动土壤水分工作基数和错情纳入质量优秀测报员考核。

②预审错情计入站（组）测报质量的统计。质量报告之后统计的预审错情应进行补充填报。

③向中国气象局上报的省（区、市）和台站（组）测报质量报告表格式见附表。

④台站（组）报表出站质量情况由上级审核部门查审后评价和公布。

第6章　设备安装调试

　　土壤水分观测是为农业气象服务的,在农气观测场近旁选择能代表本地区自然环境下土壤水分变化特征的地块作为自动土壤水分观测场,该地段不能进行人工补水,只接受自然降水,且该地段土壤类型基本能够代表本地区的主要土壤类型。土壤水分自动监测站安装调试完毕后,其地表应尽量恢复原状,如果需要,应种植上与周围一致的农作物,尽量保持自然状态。

　　观测员必须了解土壤水分的安装环境以及安装调试过程,尽快熟悉设备工作流程,对运行过程中哪些环节需要维护做到心中有数。

6.1　安装基础

6.1.1　观测场的总体建设要求

　　(1)观测场为 3 m×4 m 的平整场地。

　　(2)观测场四周应设置醒目的围栏,围栏高度不宜过高。

　　(3)如果安装在地面观测场中,可以不设置围栏,但应根据地面观测场中已经安装的气象仪器、观测场地沟和小路的情况综合考虑,确定合适的安装地点。

　　(4)应根据场内仪器布设位置和线缆铺设需要,新建或合用原有电缆沟(管),电缆沟(管)应做到防水、防鼠、便于维护。

　　(5)观测场的防雷设施必须符合气象行业规定的防雷技术标准的要求。

　　(6)观测场选址建设同时要向省局申请分配区域站号,以便配置无线通信 SIM 卡。

6.1.2　安装前基础建设要求

　　(1)自动站基座基础长 400 mm×宽 400 mm×深 400 mm,用 3∶1 的沙石水泥浇铸。顶面高于地表面 5 cm,表面光滑、平齐。

　　(2)基座与观测场边缘距离为 1 m 左右。

　　(3)传感器与采集器之间的电缆用 PVC 管埋入地下。

　　(4)采集器的交流供电电缆应预先布设到基座,预留 2 m 便于安装接电。

　　(5)采集器与观测场之间尽量共用地面观测场的电缆地沟。如需新建时则应符合地面观测场电缆地沟的要求。

6.2　安装步骤

　　设备安装包括自动站主机的安装以及传感器安装,以及采集器与传感器的连接方法。

6.2.1　自动站主机安装步骤

　　(1)在已经建设好的自动站基座上使用标号 10 的冲击钻钻头和配备的不锈钢膨胀螺丝将机箱立杆装好,如图 6.1。

　　(2)两人抬起机箱,使用配备的内六角长螺丝将机箱固定在立杆上,如图 6.2。

图 6.1　固定立杆

图 6.2　固定机箱

　　(3)固定好的自动站机箱如图 6.3,DTU 提前设置好(方法见 4.3 节),采集器、电源、电池、DTU、电源插座的布局如图 6.4。

图 6.3　安装自动站主机

图 6.4　采集器面板接线

6.2.2 传感器安装步骤

（1）选点在采集器基座以南约 1.5 m，地面铲平，安装打孔支架并调整水平，如图 6.5。

图 6.5　架设安装支架　　　　　图 6.6　钻孔　　　　　图 6.7　将 PVC 外管
打进孔内

（2）垂直钻孔，如图 6.6，并将钻头内充满的土倒出来，重复操作，直到孔深约 1.5 m。

（3）将探测传感器外管（PVC 管）用配备的白色橡胶头垫着，用铁锤将外管砸进孔内，直到 PVC 管口离地面高约 7.5 cm，如果是安装长管的传感器，管口离地面高约 57.5 cm。注意应该顺着孔砸，将外管装直，否则传感器插不进管内，如图 6.7，图 6.8。

（4）将钻头换成毛刷，将管内壁的粘土刷掉取出，如图 6.9。

图 6.8　量管口高度　　　　　　　　　图 6.9　掏土

（5）将毛刷换成海绵刷，将管内壁的土刷干净，避免弄脏传感器，如图 6.10。

（6）将橡胶堵头捅进管内，顺时针拧紧，直到橡胶膨胀牢牢压在管内壁，达到防水的效果，如图 6.11。

图 6.10　清洁管壁

图 6.11　装防水堵头

（7）调和 AB 胶，将 PVC 管与其头部的结合缝隙密封，如图 6.12。

（8）将数据线的防水扣上紧，防止渗水，将抗干扰磁环套在探测传感器数据线上，如图 6.13。

图 6.12　涂胶

图 6.13　粘合

（9）将传感器垂直轻轻地插入管内，如果遇到阻力，稍微转动一下传感器再插，不要用蛮力，如图 6.14 所示。

（10）最后盖子拧紧防止渗水，传感器安装好后如图 6.15。

图 6.14　传感器插入管内

图 6.15　拧紧盖子

6.2.3　传感器与采集器连接

探测传感器与采集器的信号连接原理如图 6.16，传感器工作电源 12 V DC 由采集器提供，传感器的 RS485 通信信号通过转换器与采集器相接；另外，采集器与无线通信模块 DTU 通过 RS232 信号线连接，工作电源由电源模块以及 A、B 两个 7 Ah 的蓄电池提供。

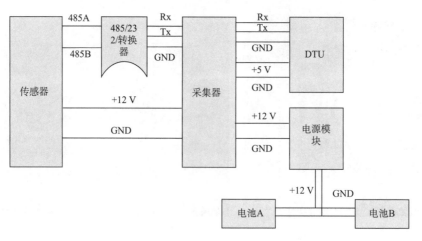

图 6.16　传感器与采集器接线原理

采集器的接线面板上有 3 行 7 列接口,其中与土壤水分观测有关的如图 6.17 所示,其中 GPRS 接口和 GPRS 电源用于连接 DTU,SH 接口对应实际面板上印字的 RH 接口,用于传感器信号连接,DC IN 用于电源板给采集器供电,DC OUT 用于给传感器供电,不能接错(图 6.18)。

				OPT	
GPRS		SH信号		CAN	DC IN 12 V
GPRS电源				CAN	DC OUT

图 6.17　采集器面板外接口示意

如图 6.19,土壤湿度探测传感器信号线的 1、4 两根线为工作电源的正、负;将 1 接到采集器 DC OUT 的 4 脚,4 接到采集器 DC OUT 的 1 脚。传感器端的 5、6 两根线是 485 信号的收、发线,分别接到转换器的 1、2 两个脚。

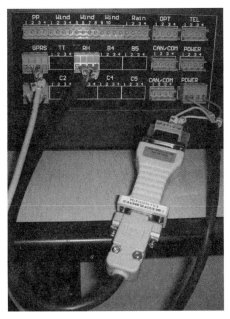

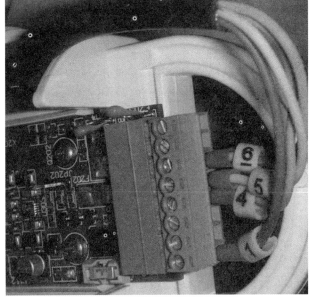

图 6.18　采集器面板接线　　　　　　　　图 6.19　传感器端线序

接口电气说明:

(1)GPRS 接口 2、3、4 脚对应三线制的收,发,地 RS232 串口连接顺序;

(2)GPRS 电源端口给 DTU 提供 +5 V 的直流供电,1 脚为正 4 脚为负。

(3)SH 信号端口用于输入土壤湿度传感器的数字信号,其中 2、3、4 脚对应 RS232 的收,发,地;

(4)DC IN 12 V 用于给采集器供电,其中 1、4 脚为正,2、3 并联脚为负;DC OUT 用于给土壤湿度传感器供电,其中 1、2 脚并联为负,3、4 脚并联为正。

6.3　设备调试

采集系统安装好之后必须进行现场测试,确定是否能够正确采集数据,及时发现安装过程中由于操作不当造成的系统故障和测量不准确的情况。测试步骤如下:

1. 接好自动站外部电源以及电池线,先不连接采集器,另找一人重新检查电源接线是否正确。

2. 测试电源部分是否正常工作。

3. 土壤水分传感器端插头接好,检查其线序以及标号是否正确。

4. 采集器端土壤水分的数据线以及仪器供电接好,确保供电插头没有接错。

5. DTU 数据线以及电源线接好。

6. 给采集器供电,在采集器参数设置界面将 PUSH 设置为 05,将 5 位数的站号设置好,将 SH 设置为 Y,按确定退出参数设置界面,按清除数据,再退回主界面。

7. 进入采集器实时数据界面,观察是否显示土壤水分数据,该数据每 10 秒钟更新一次。

8. 退回主界面,静待一分钟之后,观察土壤水分数据是否刷新,根据当地土质以及含水率判断显示数据是否合理。

9. 观察 DTU 状态灯是否正常,蓝灯显示上线 5 分钟后打电话查询数据上传是否成功。

10. 现场测试正常之后,可以对安装现场的地表进行恢复工作。

第 7 章　软件安装与设置

7.1　安装环境

操作系统：Windows XP 或 Windows 2007。

运行环境：系统已安装 Microsoft. NET Framework 3.5 或以上版本，以及 xml 语言解析器 msxml4.0. msi。

7.2　软件介绍

台站需要安装三个软件来完成土壤水分、湿度数据的接收、显示及报表制作，分别是"自动站数据处理与显示终端"软件，"自动土壤水分观测监控平台"软件和"自动土壤水分观测报表系统"软件。"自动站数据处理与显示终端"软件负责土壤湿度数据的接收，"自动土壤水分观测监控平台"软件负责土壤湿度数据的解析、处理和显示，而"自动土壤水分观测报表系统"软件则负责土壤湿度月报表的制作。

上述软件的网络基础是基于广东省气象部门的业务宽带网络，包括连接省与地级市与各县的 SDH 2 Mbps 宽带。网络的基本要求是部署到广东省气象局信息中心的服务器和各土壤湿度台站的计算机能实现网络通信。图 7.1 是土壤湿度数据收集传送关系图。

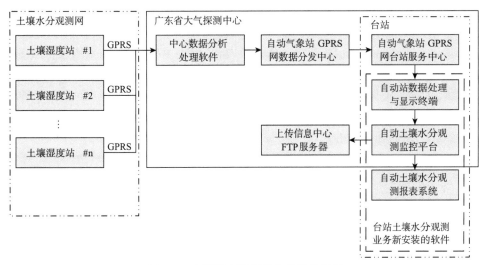

图 7.1　土壤湿度数据收集传送关系图

7.2.1　自动站数据处理与显示终端

"自动站数据处理与显示终端"软件就是自动站软件,该软件由广东省气象计算机应用开发研究所开发。在土壤水分观测仪未安装前,该软件单纯接收省局分发的自动站气象数据以及显示自动站数据。在土壤水分观测仪安装后,该软件需要升级,升级后的软件在原功能基础上增加接收土壤湿度数据并将土壤湿度数据解析存储为 XML 格式文件的功能。

7.2.2　自动土壤水分观测监控平台

"自动土壤水分观测监控平台"软件为土壤水分数据的解析处理和显示软件。该软件位于监控中心,它的主要功能是解析"自动站数据处理与显示终端"软件生成的 XML 数据文件,然后进行数据分析,提取出土壤湿度的信息,形成报文上传,同时从中挖掘出异常的信息,形成异常报告。软件包括以下几个方面的任务:

（1）数据处理任务。"自动土壤水分观测监控平台"软件由数据处理模块完成全部报文的搜索及解析任务。首先设置"自动站数据处理与显示终端"软件生成的 XML 数据所在的目录路径,然后根据站点信息找到对应的 XML 报文,采取轮询方式提取出土壤观测数据和状态数据信息,实现当前站点的各层土壤的"体积含水量"、"重量含水率"和"相对湿度"等要素的显示,并按照《自动土壤水分观测数据传输格式及传输方案》要求生成分钟数据月文件、十分钟数据月文件、小时数据月文件以及月报表源文件等。

（2）报文上传任务。数据处理模块处理正点报文完成后,即刻启动报文上传任务。启动后验证连接的合法性,之后开始建立 FTP 通信链路。如遇到上传失败或需要补传的情况,可人工启动补传功能。该功能由广东省大气探测技术中心统一完成,各站点暂时不必设置此功能。

（3）记录生成任务。这是监控软件记录回查的核心内容,它在上述各部分任务的基础上对收集到的各种数据进行综合分析,根据软件制定的查询方式,形成记录报告。

7.2.3　自动土壤水分观测报表系统

此外,根据《粤气测函〔2011〕77 号》文"关于转发自动土壤水分观测报表系统的通知"的要求,自动土壤水分观测站正式运行后需制作月报表,月报表制作由"自动土壤水分观测报表系统"软件完成。自动土壤水分观测报表系统(Report of Automatic Soil Moisture,RASM)是河南省气象局受中国气象局综合观测司委托,依据《自动土壤水分观测规范(试行)》中的有关要求,设计的一款用于编制自动土壤水分月报表的应用软件。其主要功能包括生成自动土壤水分月报表数据文件(简称 S 文件)、审核数据文件和编制月报表。

7.3　软件安装

"自动土壤水分观测监控平台"软件和"自动站数据处理与显示终端"软件打包在一个安装包中,命名为自动站数据处理与显示终端。"自动土壤水分观测报表系统"软件为单一安装包。

台站完成上述三个软件的安装只需要下载安装两个安装包。

7.3.1　自动站数据处理与显示终端软件安装

1. 市局或台站已安装"自动站数据处理与显示终端软件"

需要重新安装升级版软件。首先记录下已安装软件"自动站数据处理与显示终端"软件所在的目录,然后从"控制面板"→"添加或删除程序"中卸载已安装的软件,把下载的最新"自动站数据处理与显示终端软件"安装到已记录的目录下(也就是说软件的安装在与卸载是在同一目录下)。

安装完毕后,检查自动站参数是否正常,如果一切正常,安装完毕。如果参数不正常,删除目录 Parameter 文件夹下的"ZDZParameter.dat"即可。

2. 市局或台站未安装"自动站数据处理与显示终端软件"

将下载的最新版"自动站数据处理与显示终端"软件安装到电脑上,安装目录可默认或自定义。如软件未安装在与"自动站数据采集中心"同一台电脑上,则安装完成后需在已安装的"自动气象站 GPRS 台站服务中心"中添加"自动站数据处理与显示终端"软件安装电脑的 IP,使该软件能接收到"自动气象站 GPRS 台站服务中心"分发的自动站和土壤湿度数据。如软件与"自动站数据采集中心"软件安装在同一电脑上,则无需设置"自动气象站 GPRS 台站服务中心"。

安装完毕后,需要把"自动站数据采集中心"软件所在目录下的"ZXSTATION.DAT"文件拷贝到新安装软件所在目录的 Parameter 文件夹下。最后检查自动站参数是否显示正常,正常显示则安装完毕。"自动站数据采集中心"软件弃用,可卸载掉。

3. 安装步骤

(1)解压缩后,双击"自动站数据处理与显示终端.msi"安装程序,弹出图 7.2(a)对话框。

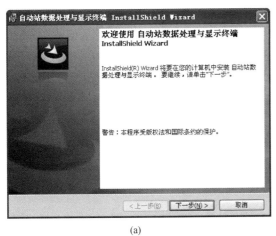
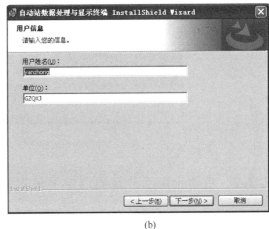

(a)　　　　　　　　　　　　　　(b)

图 7.2　自动站数据处理与显示终端软件安装(a. 步骤一;b. 步骤二)

(2)点击下一步,进入图 7.2(b)对话框。用户姓名和单位默认为系统安装是设置的用户名和单位。

(3)继续下一步,可更改设置软件安装目录,如图 7.3(a)。

　　(4)继续下一步,弹出图 7.3(b)对话框,点击安装,自动安装软件。

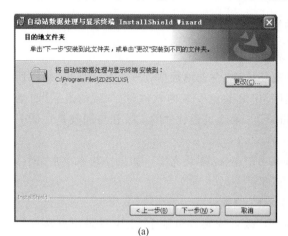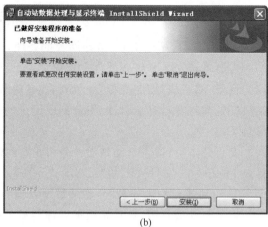

(a)　　　　　　　　　　　　　　　　　　(b)

图 7.3　自动站数据处理与显示终端软件安装(a. 步骤三;b. 步骤四)

　　(5)最后点击完成,完成"自动站数据处理与显示终端"软件的安装(图 7.4)。

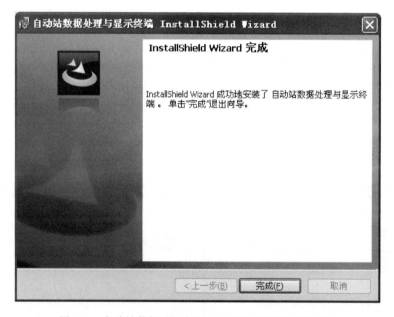

图 7.4　自动站数据处理与显示终端软件安装(步骤五)

7.3.2　自动土壤水分观测监控平台软件安装

　　"自动土壤水分观测监控平台"软件和"自动站数据处理和显示终端"软件打包在一个安装包中,安装完成"自动站数据处理和显示终端"软件后,打开"自动站数据处理和显示终端"安装目录,在根目录下找到"自动土壤水分观测监控平台.exe"执行程序,鼠标右键点击该执行程序→发送到→桌面快捷方式,点击桌面快捷图标即可运行自动土壤水分观测监控平台软件。

　　如记不清"自动站数据处理和显示终端"软件的安装目录,可在桌面上鼠标右键点击"自动站数据处理和显示终端"应用程序→属性→查找目标(F)即可打开"自动站数据处理和显示终端"软件的安装目录。

7.3.3　自动土壤水分观测报表系统软件安装

(1)解压缩后,双击 RasmSetup.exe 安装程序,即显示图 7.5(a)安装界面,单击下一步,继续安装。

(2)点击下一步之后,选择该程序将要安装的磁盘,再点击下一步,如图 7.5(b)。

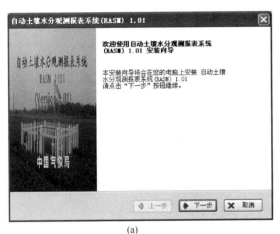 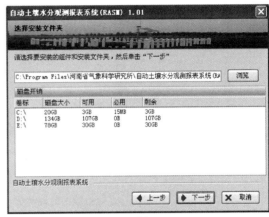

(a)　　　　　　　　　　　　　　　　(b)

图 7.5　自动土壤水分观测报表系统软件安装(a. 步骤一;b. 步骤二)

(3)继续点击下一步,如图 7.6(a)。

(4)点击完成,退出安装程序,安装完成,如图 7.6(b)。

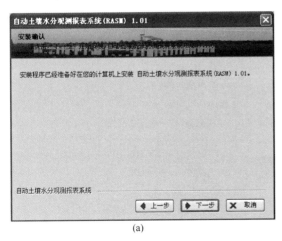 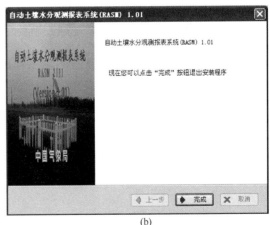

(a)　　　　　　　　　　　　　　　　(b)

图 7.6　自动土壤水分观测报表系统软件安装(a. 步骤三;b. 步骤四)

7.4　软件设置

7.4.1　自动站数据处理与显示终端软件设置

(1)双击"自动站数据处理与显示终端"运行程序,单击菜单"参数设置"→"特殊项目观测设置"(图 7.7)。

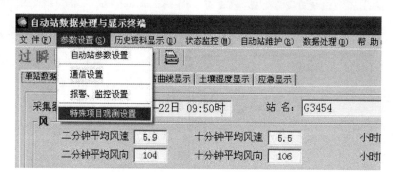

图 7.7　自动站数据处理与显示终端软件特殊项目观测设置选项

(2)弹出"特殊项目观测设置"对话框,将新安装的土壤湿度站站号手动输入到对话框上面的土壤湿度站文本框中,如果有多个土壤湿度站,则站号之间以英文逗号隔开。注意要在土壤湿度站前面打勾,设置完毕后单击确定即可。如图 7.8 所示:

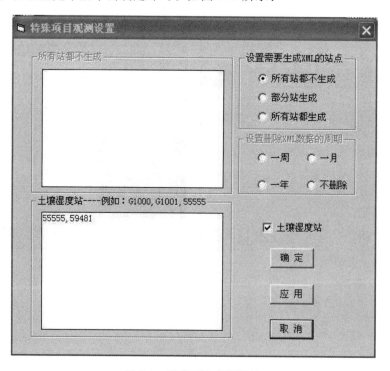

图 7.8　特殊项目观测设置

7.4.2　自动土壤水分观测监控平台软件设置

1. 站点信息设置

双击"自动土壤水分观测监控平台"软件快捷图标,运行程序(图 7.9)。

图 7.9　自动土壤水分观测监控平台软件站号设置

选择"参数设置"→"站点信息"选项,或是直接点击快捷菜单栏的"站点信息"选项卡,弹出图 7.10 对话框。

图 7.10　站号输入对话框

输入新建土壤湿度站站号,单击参数设置,弹出当前站号不存在信息,点击确定,进入站点参数设置界面,如图 7.11 所示。如点击删除该站,将删除输入站号的信息。

现时,广东省内安装的土壤湿度站共 8 层观测深度,分别为 10 cm,20 cm,30 cm,40 cm,50 cm,60 cm,80 cm,100 cm,硬件及软件皆可以支持。设置时,须在相应观测深度前面的"安装"复选框打勾。土壤容重、田间持水量、凋萎湿度根据土壤常数测定结果填入,订正系数(A0、A1、A2)根据拟合方程各幂次参数填入。各参数的确定可参照第 8 章节内容。

2. 通信参数设置

现在所有土壤湿度站的正点数据文件都是由广东省大气探测中心统一上传,因此此项设置台站不用设置。

点击"参数设置"→"通信参数"选项,或是直接点击快捷菜单栏通信参数选项。弹出图 7.12 对话框,对相应参数进行设置,点击确定即可。

图 7.11 站点参数设置界面

图 7.12 通信参数设置界面

3. 数据路径设置

"自动土壤水分观测监控平台"软件需要读取"自动站数据处理与显示终端"生成的 XML 文件,所以"自动土壤水分观测监控平台"软件需设置存放 XML 数据路径。

点击"参数设置"→"数据路径"选项。弹出如图 7.13 所示对话框,点击打开文件夹按钮,打开文件夹选择对话框。

图 7.13　数据路径对话框

选择"自动站数据处理与显示终端"软件所在目录下的 XSMFILE 文件夹,单击确定,如图 7.14 所示,完成"土壤湿度监控"软件 XML 数据路径的设置。

图 7.14　选择 XSMFILE 文件夹

提示:设置时可能会遇到"自动站数据处理与显示终端"软件安装目录下的 DATA 文件夹里面的文件数太多而导致等待时间过长,可通过打开同级目录下的 XSMFILE 文件夹,并在地址栏末尾加上"\",然后把地址栏的字符串复制到安装目录下的 Path.ini 文件中 XMLPAHT 结构块即可,如图 7.15 文字背景选中处所示:

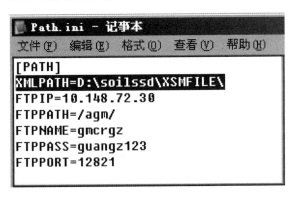

图 7.15　XML 路径设置方式

7.4.3　自动土壤水分观测报表系统软件设置

1. 系统登录

系统安装完成后,双击桌面上的"自动土壤水分观测报表系统"快捷方式,出现"登录对话框"(图 7.16)。初次登录时,需要输入用户名和密码,缺省的用户名为"Admin",密码为"123456"。

图 7.16　报表系统登陆设置

以管理员的身份登录后,选择"视图"→"用户管理"选项,或者直接点击工具栏上的"管理用户"按钮,将出现"用户管理"窗口,如图 7.17 所示。

点击"添加"、"插入"或"删除"按钮,可以分别新建、删除用户;点击"修改"按钮,可以修改用户信息;点击"上移"、"下移"按钮,可以上下移动用户列表。

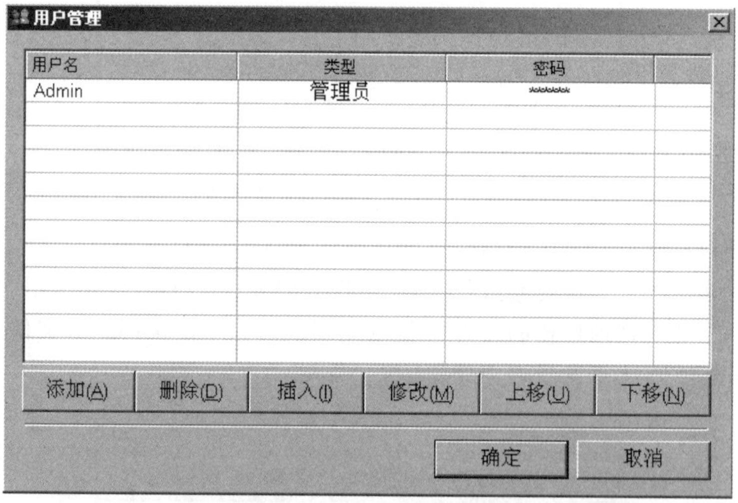

用户名	类型	密码
Admin	管理员	******

添加(A)　删除(D)　插入(I)　修改(M)　上移(U)　下移(N)

确定　　取消

图 7.17　报表系统用户管理

2. 参数设置

点击软件"视图"菜单→"选项",或直接点击工具栏内的"选项"命令按钮,将出现"选项"对话框,如图 7.18 所示。"选项"对话框包括"土壤水分服务器"和"台站参数"两部分,"土壤水分服务器"的有关参数不需设置(图 7.19)。

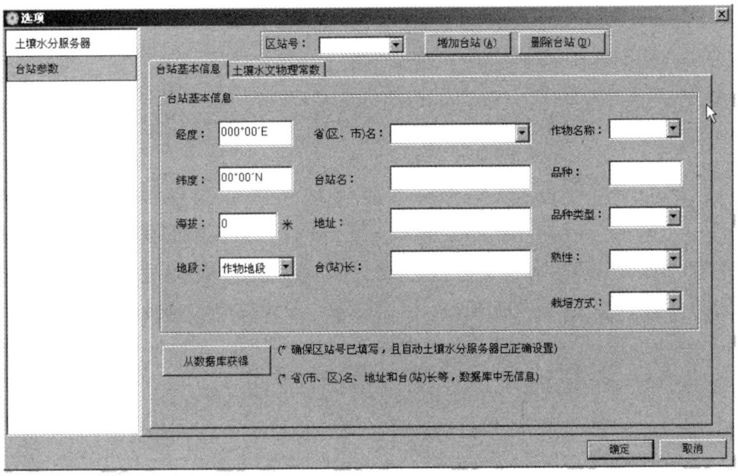

图 7.18　报表系统参数设置—台站基本信息设置

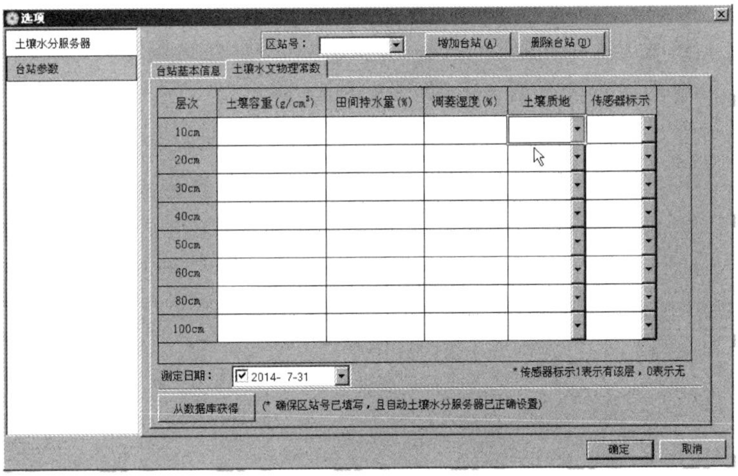

图 7.19　报表系统参数设置—土壤水文物理常数设置

　　台站参数包括台站基本信息和土壤水分物理常数。台站基本信息包括台站经度、纬度、海拔高度、地段类型;所在的省(自治区、直辖市)名、台站名、台站地址、台(站)长;还有作物名称、品种、品种类型、熟性及栽培方式。

　　土壤水分物理常数包含了 10 cm,20 cm,30 cm,40 cm,50 cm,60 cm,80 cm,100 cm 共 8 个层次的传感器标示、土壤容重、田间持水量、凋萎湿度和土壤质地类型。传感器标示值为"1"表示有该层数据,"0"表示无;土壤容重、田间持水量、凋萎湿度同"自动土壤水分观测监控平台"软件中站点参数设置中的土壤容重、田间持水量、凋萎湿度参数一致;土壤质地根据实际情况选择。另外还要输入物理常数的测定日期。

　　台站基本信息和土壤水分物理常数标签页各有一个按钮"从数据库获得",目前暂不可用。

　　参数设置时,点击"增加台站(A)"命令按钮,在跳出的对话框中输入区站号后点"确定",然后设置各项参数。该台站参数设置完成后,如需要增加台站,可继续点击"增加台站(A)"按钮,并设置参数。台站增加完成后,按"确定"退出"选项"对话框。

　　点击"删除台站(D)"将删除台站信息。

7.5 软件使用

"自动站数据处理与显示终端"软件主要为自动站数据处理与显示软件,在土壤湿度数据处理与显示中的作用仅仅是作为接收土壤湿度数据的接收使用,并将数据保存为 XML 文件,再由"自动土壤水分观测监控平台"软件处理。至于"自动站数据处理与显示终端"软件的自动站数据处理与显示功能,在自动站的培训教材中将会涉及到,在此不对该软件的使用作过多介绍。

7.5.1 自动土壤水分观测监控平台软件使用

1. 采集数据显示

"自动土壤水分观测监控平台"软件每隔 2 秒自动搜索"自动站数据处理与显示终端"软件安装目录下 XSMFILE 文件夹下的 XML 文件,遇到新生成的 XML 文件即时作解析,并实时显示采集时间以及各对应深度的体积含水量、重量含水率、相对湿度、水分贮存量以及有效水分贮存量等。为了避免占用电脑硬盘空间,相应的 XML 文件解析完毕后即行删除。

软件界面显示的是最新报文的一分钟平均数据,如图 7.20。如需查看十分钟平均数据、一小时平均数据可通过"回查数据"→"历史资料"选项查看。

站点名称: 汕头市潮阳区气象局土壤湿度			区站号: 59318		发报间隔(分钟): 5		
时间	层序	深度	体积含水量	重量含水率	相对湿度	水分贮存量	有效水分贮存量
2014-08-01 08:50	1	10	26.96%	20.58%	86.27%	26.96mm	21.07mm
	2	20	15.84%	12.78%	56.02%	15.84mm	11.38mm
	3	30	22.08%	17.95%	77.28%	22.08mm	17.65mm
	4	40	31.82%	23.40%	96.18%	31.82mm	26.18mm
	5	50	49.44%	36.08%	151.74%	49.44mm	38.75mm
	6	60	63.81%	46.24%	197.02%	63.81mm	52.10mm
	7	80	64.53%	46.10%	202.71%	129.07mm	54.64mm
	8	100	66.64%	46.60%	209.08%	133.29mm	58.64mm

图 7.20 单站一分钟平均数据显示

2. 采集数据曲线表征

"自动土壤水分观测监控平台"软件根据当天的采集数据自动描绘曲线,每层曲线对应不同的颜色。曲线的横轴对应时间轴(为 24 小时),纵轴对应体积含水量的一分钟平均数据(最高为 100%),如图 7.21 所示。如需查看十分钟平均数据、一小时平均数据曲线可通过"回查数据"→"图形曲线"选项查看。

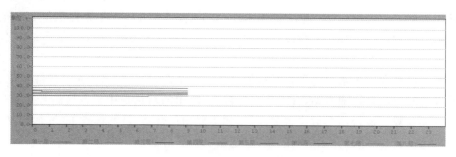

图 7.21 体积含水量曲线显示

从分钟体积含水量曲线图用户可以获取以下信息：一是各层体积含水量的变化趋势；二是如曲线存在断裂，可判断对应时间点存在采集报文缺测情况。

3. 历史数据查询

“自动土壤水分观测监控平台”软件可以根据用户设定的时间、站号查询历史体积含水量、重量含水率、相对湿度等数据。另外，用户可根据自己的需求，点击单选按钮来切换显示一分钟平均数据、十分钟平均数据和一小时平均数据。

通过点击“回查数据”→“历史资料”选项卡或是直接点击快捷菜单栏的“历史资料”选项卡打开历史数据查询界面。

点击“数据导出”按钮可导出查询到的历史数据，文件默认以 txt 格式保存(图 7.22)。

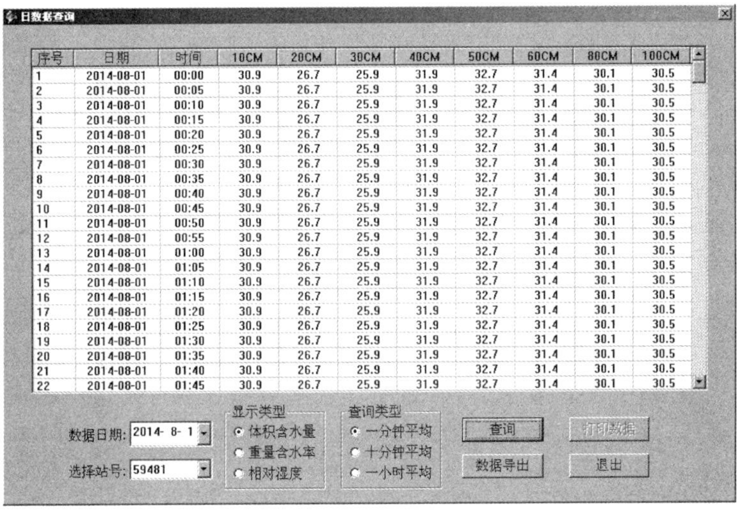

序号	日期	时间	10CM	20CM	30CM	40CM	50CM	60CM	80CM	100CM
1	2014-08-01	00:00	30.9	26.7	25.9	31.9	32.7	31.4	30.1	30.5
2	2014-08-01	00:05	30.9	26.7	25.9	31.9	32.7	31.4	30.1	30.5
3	2014-08-01	00:10	30.9	26.7	25.9	31.9	32.7	31.4	30.1	30.5
4	2014-08-01	00:15	30.9	26.7	25.9	31.9	32.7	31.4	30.1	30.5
5	2014-08-01	00:20	30.9	26.7	25.9	31.9	32.7	31.4	30.1	30.5
6	2014-08-01	00:25	30.9	26.7	25.9	31.9	32.7	31.4	30.1	30.5
7	2014-08-01	00:30	30.9	26.7	25.9	31.9	32.7	31.4	30.1	30.5
8	2014-08-01	00:35	30.9	26.7	25.9	31.9	32.7	31.4	30.1	30.5
9	2014-08-01	00:40	30.9	26.7	25.9	31.9	32.7	31.4	30.1	30.5
10	2014-08-01	00:45	30.9	26.7	25.9	31.9	32.7	31.4	30.1	30.5
11	2014-08-01	00:50	30.9	26.7	25.9	31.9	32.7	31.4	30.1	30.5
12	2014-08-01	00:55	30.9	26.7	25.9	31.9	32.7	31.4	30.1	30.5
13	2014-08-01	01:00	30.9	26.7	25.9	31.9	32.7	31.4	30.1	30.5
14	2014-08-01	01:05	30.9	26.7	25.9	31.9	32.7	31.4	30.1	30.5
15	2014-08-01	01:10	30.9	26.7	25.9	31.9	32.7	31.4	30.1	30.5
16	2014-08-01	01:15	30.9	26.7	25.9	31.9	32.7	31.4	30.1	30.5
17	2014-08-01	01:20	30.9	26.7	25.9	31.9	32.7	31.4	30.1	30.5
18	2014-08-01	01:25	30.9	26.7	25.9	31.9	32.7	31.4	30.1	30.5
19	2014-08-01	01:30	30.9	26.7	25.9	31.9	32.7	31.4	30.1	30.5
20	2014-08-01	01:35	30.9	26.7	25.9	31.9	32.7	31.4	30.1	30.5
21	2014-08-01	01:40	30.9	26.7	25.9	31.9	32.7	31.4	30.1	30.5
22	2014-08-01	01:45	30.9	26.7	25.9	31.9	32.7	31.4	30.1	30.5

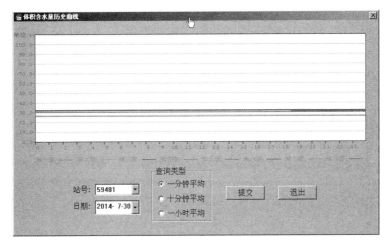

图 7.22　历史数据查询

如需要查询一分钟、十分钟平均数据、一小时平均历史数据曲线可通过“回查数据”→“图形曲线”选项卡，或点击快捷菜单栏的“图形曲线”查询(图 7.23)。

图 7.23　历史数据曲线查询

4. 报文上传记录查询

对于正点报文的上传情况，"自动土壤水分观测监控平台"软件记录存档并提供查询功能。点击"查询管理"菜单→"文件上传"选项，弹出下图界面，选择日志日期（日志只能保持一个月，数值小于或等于查询当日的为当月记录，大于的为上月记录），点击"查询"按钮即可，如图7.24所示：

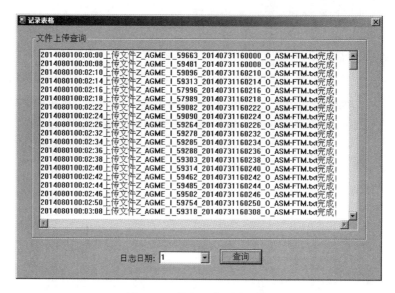

图 7.24　报文上传列表查询

或是通过点击"查询管理"菜单→"上传列表"，或直接点击快捷菜单栏的"上传列表"选项，更为直观地查询正点数据上传记录，如图 7.25 所示。界面中空格为资料缺测，Y 为资料已上传。

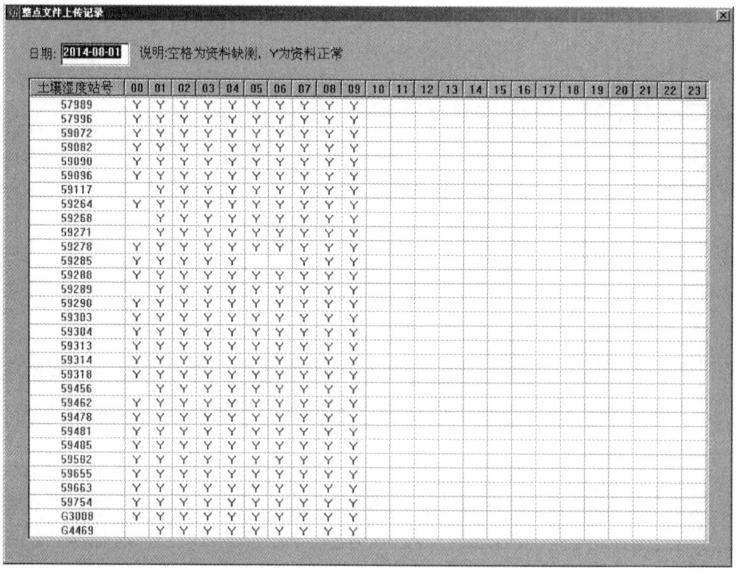

图 7.25　正点文件上传记录

（5）XML 数据转换记录查询

对于 XML 文件的解析情况，"自动土壤水分观测监控平台"软件记录存档并提供查询功能。点击"查询管理"菜单→"文件转换"按钮，或是直接点击快捷菜单栏的"文件转换"选项，弹出如图 7.26 对话框。选择当月的日志日期（同文件上传），点击"查询"按钮即可。

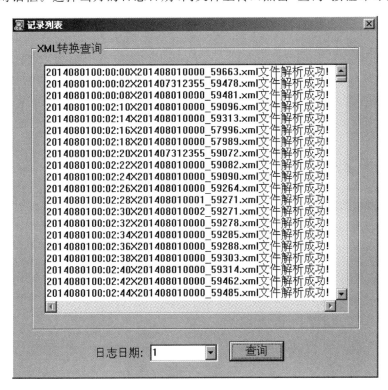

图 7.26　XML 文件转换记录

通过此查询功能，可了解 XML 文件的解析是否成功或者 XML 文件数据是否存在异常。

（6）正点资料补传

对于通信中断或采集失败的缘故导致正点报文上传失败的情况，"自动土壤水分观测监控平台"软件提供补传正点资料的功能。

点击"报文处理"菜单→"正点资料补传"选项，或是直接点击快捷菜单栏的"资料补传"选项弹出如图 7.27 对话框。在日期控件中选择补传的日期，在列选框中选中补传的小时和站号，点击"提交"按钮即可。提交后会有成功与否的提示框。

图 7.27　正点资料补传对话框

7.5.2　自动土壤水分观测报表系统软件使用

报表的制作按照创建月报表数据文件（简称 S 文件）→审核 S 文件→制作报表的顺序进行，具体步骤如下：

（1）准备用于制作 S 文件的当月的观测站上传的单站文件（简称 Z 文件）。

文件名格式为：

Z_AGME_I_IIiii_yyyymmddhhMMss_O_ASM-FTM[-CCx]. txt（命名原则见《自动土壤水分观测规范（试行）》）。导入文件的方法：找到"自动站数据处理与显示终端"软件安装目录下的 SHData 文件夹的子文件夹 ReportData，里面存放对应站号及年份月份的制作报表源文件，如需制作 2011 年 11 月份的月报表，则找到"201111"文件夹，将文件夹内的所有文件导入即可。

自动土壤水分以北京时 20 时为日界，因此整月数据是指上月月末日 21 时至本月月末日 20 时之间的全部数据。

（2）新建 S 文件。

点击"月报表数据文件"菜单→"新建"，或者直接点击工具栏的"新建 S 文件（Ctrl＋N）"，将弹出"新建 S 文件"对话框（图 7.28）：

图 7.28　新建 S 文件对话框

选择年份、月份和区站号，按"确定"按钮，出现 S 文件编辑界面（图 7.29）：

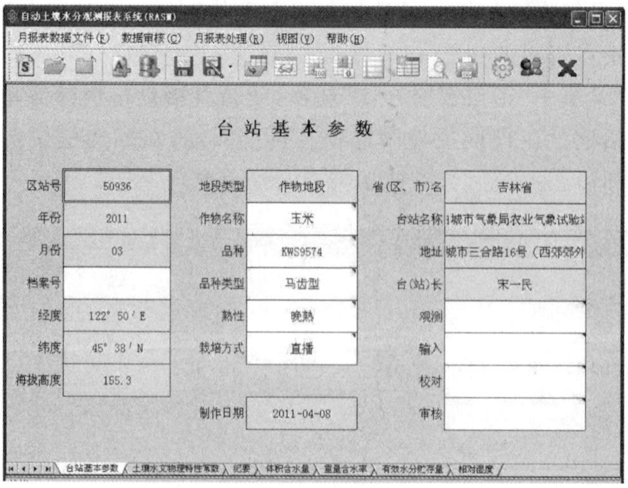

图 7.29　S 文件编辑界面

(3)完善 S 文件"台站基本参数"及"纪要"相关内容,然后点击"月报表数据文件"菜单中的"从 Z 文件载入数据",出现如图 7.30 对话框:

图 7.30　导入制作报表源文件

在"选择 Z 文件所在文件夹"处找到存放 Z 文件的文件夹后,点击"读取 Z 文件"→"加载并返回",返回 S 文件编辑界面,软件将会根据载入的体积含水量值自动完成重量含水率、有效水分贮存量和相对湿度等数据的计算。

(4)保存 S 文件。

点击"月报表数据文件"→"保存"或直接点击工具栏的"保存(Ctrl+S)",出现如图 7.31 对话框,保存生成 S 文件(如 S50936-201103)和封面封底文件(如 S50936-201103-SPM)。

图 7.31　生成本站 S 文件及封面封底文件

(5)审核数据文件。

选择菜单"数据审核"→"审核数据文件",在弹出的打开对话框中,选择 S 文件或封面封底文件,按"确定",即进入打开数据审核窗口(图7.32);第1个表格显示S文件的原始文本内容;第2个表格显示或手工修改解译后的土壤水分数据,每修改一个数据,对应的文本内容会实时更新;下面的列表控件中,显示了审核后的详细清单。选择某一个列表清单,文本内容表格和数据表格都会切换到对应的行或单元格,改变该行或单元格的背景色,以方便修改。

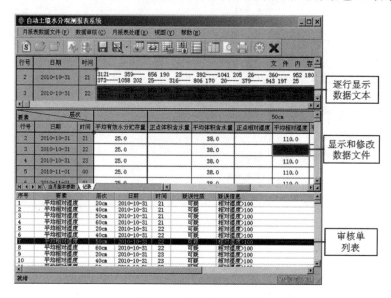

图7.32　审核数据文件

除了手工修改外,还可以通过菜单"相对湿度最大值取100"和"有效水分贮存量最小值取0",对数据文件批量修改。

使用"重新审核"菜单,可以在不保存数据文件情况下,重新对数据文件进行审核。

通过"审核单维护"命令,可对错误和疑误信息进行保存、打印。

审核完成后,如果数据文件内容发生了变化,要进行保存(图7.33)。

序号	要素	层次	日期	时间	疑误性质	疑误信息
1	平均相对湿度	30cm	2009-10-31	21	可疑	相对湿度>100
2	平均相对湿度	50cm	2009-10-31	21	可疑	相对湿度>100
3	平均相对湿度	60cm	2009-10-31	21	可疑	相对湿度>100
4	平均相对湿度	80cm	2009-10-31	21	可疑	相对湿度>100
5	平均相对湿度	100cm	2009-10-31	21	可疑	相对湿度>100
6	重量含水率	100cm	2009-10-31	21	可疑	重量含水率<3.0或>33.0
7	平均相对湿度	30cm	2009-10-31	22	可疑	相对湿度>100
8	平均相对湿度	50cm	2009-10-31	22	可疑	相对湿度>100
9	平均相对湿度	60cm	2009-10-31	22	可疑	相对湿度>100
10	平均相对湿度	80cm	2009-10-31	22	可疑	相对湿度>100
11	平均相对湿度	100cm	2009-10-31	22	可疑	相对湿度>100
12	重量含水率	100cm	2009-10-31	22	可疑	重量含水率<3.0或>33.0

图7.33　审核的维护

(6)编制报表。对S文件审核后,可进行报表制作。选择菜单"月报表处理→编制月报表"或直接点击工具栏"编制"按钮,弹出"打开S文件"对话框。

在弹出的打开对话框中,选择S文件或封面封底文件,按"确定",即进入月报表编制窗口

（图 7.34）。此时可以打印报表，还可以将报表保存为 Excel 文件、文本文件或图片文件的
格式。

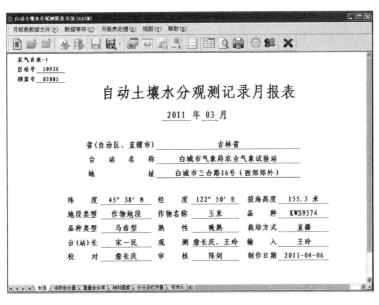

图 7.34 月报表编制窗口

第8章　参数测定与数据标定

8.1　土壤基本物理参数测定与方法

土壤基本物理参数的测定是土壤水分自动站参数设定及数据标定的依据。在土壤水分自动监测中,涉及到土壤容重、田间持水量、凋萎湿度等几个土壤基本物理参数的测定。因此,在本节将详细介绍各个参数的测定方法和注意事项。

8.1.1　土壤容重测定

8.1.1.1　测定目的和意义

土壤容重、比重和孔隙度是度量土壤物理特性的指标。由于土壤矿物质和有机质的组成不同,土粒排列松紧的不同,团聚体的形状、大小的不同,都能引起土壤容重、比重以及孔隙度的差异,从而影响土壤水分、空气的运行和存在状态,以至影响土壤中物质和能量的迁移转化。测定土壤容重、比重,不仅可以计算孔隙度,而且可以计算土壤组成、养分、有机质以及盐分的实际含量。所以,也能为研究土壤形成、形状及肥力提供必要的依据。

8.1.1.2　测定原理

土壤容重用每立方厘米土壤重克数表示(g/cm^3)。测定土壤容重用一定容积的环刀,取一定容积的自然土样,然后称重,按照干土重计算土壤容重。

8.1.1.3　测定方法和步骤

(1)挖土壤剖面,分层削出横向平面,在野外选择好剖面点,挖好剖面后,用剖面刀修平,分层确定测土壤容重的层次部位,在取土部位修一横向平面,为环刀取土做好准备工作。

(2)环刀取土方法:给环刀内壁微涂凡士林,将环刀托套在已知重量环刀无刃口一端。环刀刃口朝下,用力均衡地下压环刀托把,将环刀垂直压入土层平面以下。如土层紧实较硬,可用木锤轻轻敲打环刀托把,待整个环刀全部压入土中,且土面即将触及环刀拖的顶部(可由环刀托盖上的小孔探视)时停止下压。用铁铲把环刀周围土壤挖出,切断环刀下方,并使其下方留有一些多余的土壤。慢慢取出环刀,使它翻转过来,刃口朝上,用削土刀迅速削去附在环刀壁上的土壤,然后在刃口一端从边缘向中心部位逐渐削平土壤,使之与刃口完全齐平。盖上环刀顶盖,再次反转环刀,使盖好顶盖的刃口一端朝下,取下环刀托,同样削平无刃口一段的土面,并盖好底盖。注意削平土面时,不要造成土块脱落,以致因削面不平土样作废。环刀取土后,要擦净环刀外部粘附的土壤。测湿土重,准确到 0.1 g,并记录其重量。

（3）测土壤含水量：在环刀采样处另取土样，测定土壤含水量。或直接使用环刀内土壤测含水量（见 8.1.2 节）。

（4）要三次重复测定土壤容重：测定出的数值，取算术平均值，绝对误差＜0.03 g/cm³。

8.1.1.4　结果计算

土壤容重的计算公式为：

$$r_s = \frac{g \cdot 100}{V \cdot (100 + W)}$$

式中，r_s 为土壤容重（g/cm³）；g 为环刀内土壤样重量（g）；V 为环刀容积（cm³）；W 为土样含水量（％）。

8.1.1.5　仪器与试剂

仪器：天平（感量 0.1 g,0.01 g,0.001 g 各一台）、烘干箱一台、环刀 8 套（最好 24 套）、剖面刀 2 把、铝盒 24 个、凡士林油 1 瓶。

环刀：用无缝钢管制成，一端有刃口，便于压入土中。环刀容积一般为 100 cm³；刃口一端的内径为 5.04 cm，无刃口一端的内径比刃口一端略大 1 mm，高为 5.01 cm（见图 8.1）。

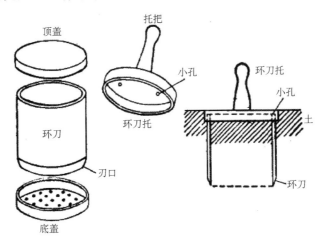

图 8.1　环刀（左）及采样（右）示意图

8.1.2　土壤水分测定

8.1.2.1　测定目的和意义

土壤水分是土壤的重要组成部分和肥力因素。不同气候生物条件下，其水分状况类型与动态都有很大的差异。因此，研究土壤水分状况类型与动态，对摸清土壤的形成、分类、分布、肥力状况以及进行田间土壤水分调节等方面，都有十分重要的理论和实践意义。

土壤水分测定，包括土壤最大吸湿水含量、凋萎含水量、毛管持水量和田间持水量等水分常数。人工测定土壤水分常用方法是烘干法。计量用土壤失水量占烘干土重的百分数表示。

注：在土壤理化分析中，都以"烘干土"作为计量标准，因此，每个实验都有必要测定土壤最大吸湿水含量。

8.1.2.2 测定原理

土壤水含量用单位体积内土壤水占体积百分比表示(%)。采用烘干法测定土壤水含量用一定体积的土样烘干后,然后称重,用烘干前的土样重减去干土样重的失水量除以干土重来计算土壤水含量。

8.1.2.3 测定方法和步骤

(1)最大吸湿水测定:在分析天平上称出干燥而洁净的铝盒重量(W),然后放入约 5 g 风干土(制作参见 8.1.3 节),盖上盒盖,准确称重(W_1),再将铝盒盖打开放入烘箱中,控制在 105℃范围,连续烘干 6～8 h,取出铝盒迅速放入干燥器中,冷却至室温(约 0.5 h),然后取出立即称重(W_2)。再放入烘箱中烘干 3～5 h,在干燥器中冷却,再称重,检验是否恒重(两次称重不超过 3 mg 即可进行计算)。

(2)土壤凋萎含水量的测定:土壤凋萎含水量也称凋萎湿度,是指植物开始永久凋萎时土壤的含水量。测定方法有两种:一是植物生长实验法,即在一定容器中栽培植物,调控土壤水分,直至植物因缺水而开始永久凋萎时,用烘干法测定此时土壤的含水量;另一种方法是经验法:凋萎含水量%=土壤最大吸湿水%×2。

(3)土壤毛管持水量的测定:用环刀按土壤剖面层次取原状土,然后将有孔并附滤纸的环刀底盖盖好,放入盛有薄水层的盆中,保持水深 2～3 mm。此时水分受毛管力的作用,沿毛管孔隙上升,浸泡 4～12 h(砂土 4 h,黏土 8～12 h),取出环刀,用滤纸擦干环刀外部,放在已知重量的表玻璃上称重,然后再将环刀放回原处吸水至饱和(砂土 2 h,黏土 4 h)。如此操作至恒重为止。将土放入 105℃烘箱中烘干,测定含水量,计算毛管持水量。

4)田间持水量测定:用 100 cm³ 的环刀,取原状土壤加盖带回室内放入盛水盆中,浸泡8～24 h。水面要低于环刀上口边缘 2～4 mm,勿使环刀上口进水。同时,在同一采土点单取同一土层土样,风干后通过 18 号(1 mm)筛子,装入底部已用单层纱布包扎好的环刀中,装满后轻轻拍实。然后将盛有湿土的环刀底盖打开,把此环刀连同滤纸一起放在盛有风干土的环刀之上。为使两个环刀接触紧密可压上重物。待 8 h 后,取出湿土 10～20 g 放入铝盒立即称重、烘干、称重,反复进行 2～3 次,取其平均值,即为田间持水量。

8.1.2.4 结果计算

(1)土壤最大吸湿水含量

$$土壤最大吸湿水 = \frac{W_1 - W_2}{W_2 - W} \times 100\%$$

式中,W 为铝盒重;W_1 为铝盒+风干土重;W_2 为铝盒+烘干土重。

(2)土壤毛管持水量

$$土壤毛管持水量 = \frac{湿土重 - 烘干土重}{烘干土重} \times 100\%$$

(3)田间持水量

$$田间持水量 = \frac{湿土重 - 烘干土重}{烘干土重} \times 100\%$$

8.1.2.5 仪器和器材

环刀、烘箱、分析天平、铝盒、烘干器、铁夹子、水盆、铁铲、剖面刀。

8.1.3　土壤分析样品制备

在进行室内土壤理化性质分析的测定之前,必须对野外采集的土壤样品进行制备。土壤样品制备过程中规范操作是保证分析结果如实反映客观实际的前提条件。因为分析数据能不能代表样品总体,关键在于最终所用的少量称样的代表性。如果样品制备不规范,那么任何精密的仪器和熟练的分析技术都将毫无意义。

8.1.3.1　实验目的和意义

从野外采集的土壤分析样品,需要经过风干、分选、挑拣、磨细、过筛、装瓶保存六个过程。其目的主要在于:

(1)新鲜样品是暂时的田间情况,它随着土壤中水分状况的改变而变化,不是一个可靠的常数,风干主要目的在于风干土样测出的结果是一个平衡常数,比较稳定和可靠,从而便于不同样品的比较。

(2)除去非土壤部分,也就是剔除土壤以外的新生体(如铁锰结合和石灰结核等)和侵入体(如石头、瓦片及植物残渣等)。

(3)适当磨细,充分混匀,使分析时所称取的少量样品具有较高的代表性,以减少称样误差。

(4)土壤样品全量分析时,不同分析项目要求不同土壤粒级,以使分解样品的反应能够完全和彻底,不同样品之间的可比性更高。

(5)使样品可以长期保存,不致因微生物活动而霉坏。

8.1.3.2　实验步骤

(1)风干:采集回来的土壤样品必须尽快进行烘干。即将取回的土壤样品置于阴凉、通风且无阳光直射的房间内,并将样品平铺于晾土架、油布、牛皮纸或塑料布上,铺成薄薄的一层自然风干。风干供微量元素分析用的土壤样品时,要特别注意不能用含铅的旧报纸或含铁的器皿衬垫。干燥过程也可以在低于 40℃ 并有空气流通的条件下进行(如鼓风干燥箱内)。当土壤样品达到半干状态时,需将大土块(尤其是黏性土壤)捏碎,以免完全风干后结成硬块,不易压碎。此外,土壤样品的风干场所要求能防止酸、碱等气体及灰尘污染。某些土壤性状(如土壤酸碱度、亚铁、硝态氮及铵态氮等)在风干的过程中会发生显著的变化,因而这些分析项目需用新鲜的土壤样品进行测定,无需进行土壤样品的风干步骤,但新鲜土壤样品较难压碎和混匀,称样误差比较大,因而需采用较大称样量或较多次的平行测定,才能得到较为可靠的平均值。

(2)分选:若取回的土壤样品太多,需将土壤样品混匀后平铺于塑料薄膜上摊成厚薄一致的圆形,用"四分法"去掉一部分土壤样品,最后留取 0.5～1 kg 待用。

(3)挑拣:样品风干及分选过程中应随时将土壤样品中的侵入体、新生体和植物残渣挑拣出去。如果挑拣的杂物太多,应将其挑拣于器皿内,分类称其重量,同时称量剩余土壤样品的重量,折算出不同类型杂质的百分率,并做好记录。细小已断的植物根系,可以在土壤样品磨细前利用静电或微风吹的办法清除干净。

(4)磨细:风干后的土壤样品平铺,用木碾轻轻碾压,将碾碎的土壤样品用带有筛底和筛盖的 1 mm 筛孔的筛子过筛。未通过筛子的土粒,铺开后再次碾压过筛,直至所有土壤样品全部过筛,只剩下砾石为止。将剩余的砾石挑拣并入砾石中处理,切勿碾碎。通过 1 mm 筛孔的土壤样品进一步混匀,并用"四分法"分为两分,一份供物理性状分析用,另一份供化学性状分析用。某些土壤性状(如土壤 pH、交换性能及速效养分等)在测定中,如果土壤样品研磨太细,则容易破坏土壤矿物晶粒,使分析结果偏高。因而在研磨过程中只能用木碾滚压,使得由土壤黏土矿物或腐殖质胶结起来的土壤团粒或结粒破碎,而不能用金属锤捶打以致破坏单个的矿物晶粒,暴露出新的表面,增加有效养分的浸出。某些土壤性状(如土壤硅、铁、铝、有机质及全氮等)在测定中,则不受磨细的影响,而且为了使得样品容易分解或溶化,需要将样品磨得更细。

(5)过筛:通过 1 mm 筛孔的用于化学分析的土壤样品,采用"四分法"或者"多点法"分取样品,通过研磨使其成为不同粒径的土壤样品,以满足不同分析项目的测定要求。应该注意的是供微量金属元素测定的土壤样品,要用尼龙筛子过筛,而不能使用金属筛子,以免污染样品,而且每次分取的土壤样品需全部通过筛孔,绝不允许将难以磨细的粗粒部分弃去,否则将造成样品组成的改变而失去原有的代表性。具体过筛程序如下:

①通过 0.5 mm 筛孔:取部分通过 1 mm 筛孔直径的土壤样品,经过研磨使其通过0.5 mm 筛孔直径,通不过的再研磨过筛,直至全部通过为止。过筛后的土壤样品可测定碳酸钙含量。

②通过 0.25 mm 筛孔:取部分通过 0.5 mm 或 1 mm 筛孔的土壤样品部分,经过研磨使其全部通过 0.25 mm 筛孔,做法同①。此样品可测定土壤代换量、全氮、全磷及碱解氮等项目。

③通过 0.149 mm 筛孔:取部分通过 0.25 mm 筛孔的土壤样品部分,经过研磨使其全部通过 0.149 mm 筛孔,做法同②。此样品可测定土壤有机质。

(6)装瓶:过筛后的土壤样品经充分混匀,装入具有磨塞的广口瓶、塑料瓶内,或装入牛皮纸袋内,容器内及容器外各具标签一张,标签上注明编号、采样地点、土壤名称、土壤深度、筛孔、采样日期和采样者等信息。所有样品处理完毕之后,登记注册。一般土壤样品可保存半年到一年,待全部分析工作结束之后,分析数据核对无误,才能弃之。此外,还需注意样品存放应避免阳光直射,防高温,防潮湿,且无酸碱和不洁气体等对土壤样品造成影响。

8.1.3.3　实验仪器

平木板、土碾、研钵、铜筛/尼龙筛、镊子、托盘天平、牛皮纸袋。

8.2　仪器订正系数计算

田间标定以仪器观测的 10 cm 厚的土层体积含水量变化为判断标准,在小于 10%、10%～15%、15%～20%、20%～25%、25%～30%、30%～35% 和大于 35% 等 7 个不同土壤水分体积含量区间进行相应的人工对比观测。原则上每一个土壤体积含水量等级样本数不少于 4 个,总样本数不少于 30 个。对各层人工对比观测数据和器测值进行分析比较,建立各层相应的对比曲线。利用数学专用工具进行拟合计算,确定仪器订正系数。

进行人工对比取土观测时,须跨越干湿两季,使获得的样本分布均匀、能够代表当地土壤水分含量范围并验证仪器在干湿两季过渡期的适应性。取土钻孔的位置应分布在传感器埋设位置四周半径 2～10 m 之间的范围内,完成取土观测后取土孔要立即分层回填,不得在回填孔中再次取土进行对比观测,取土时记录每个钻孔取不同深度土样时的详细时间。人工对比观测记录簿包括人工取土观测各重复数据(烘干前后土壤样本重量)。

　　由相关技术人员利用人工和同时次的仪器观测数据分别计算不同层次的订正系数,完成对传感器的田间标定。下面以某地区对比观测数据进行订正系数计算加以说明。

表 8.1　某地区土壤自动观测站 10 cm 对比样本数据

序号	自动(%)	人工(%)	序号	自动(%)	人工(%)	序号	自动(%)	人工(%)
1	19.3	23.7	11	21.9	27.2	21	29.9	26.0
2	19.2	25.1	12	20.3	27.2	22	26.4	28.8
3	18.3	23.6	13	19.1	24.1	23	26.2	27.6
4	17.6	21.7	14	24.1	27.0	24	23.6	27.0
5	17.5	21.5	15	22.7	26.5	25	22.5	25.5
6	16.6	22.6	16	20.7	23.8	26	21.8	24.9
7	15.6	20.1	17	20.3	25.5	27	26.7	23.8
8	14.8	20.5	18	20.0	26.2	28	25.3	29.0
9	15.9	20.3	19	19.5	24.7	29	26.0	30.3
10	23.7	27.8	20	19.5	23.8	30	24.1	25.9

　　EXCEL 提供了图表处理以及数据拟合的功能,可以建立对比数据的拟合方程,方法如图 8.2—8.5 所示。首先将自动观测数据以及人工数据分两列,全选了两列数据之后,在插入图片菜单栏选择插入散点图"仅带数据标记的散点图"。在插入的散点图中,右键点击任何一个数据点,在弹出的菜单上选择"添加趋势线"。然后在"设置趋势线格式"窗口中选择"线性"分析类型以及勾选"显示公式"。最后得到的趋势线以及拟合公式如图 8.5。订正公式:

$$Y = A0 + A1X \tag{8.1}$$

其中:Y 为订正值,X 为仪器测量值,$A0,A1$ 为订正系数。根据表 8.1 数据拟合得到的线性方程如图 8.5。其中:订正系数 $A0=13.3,A1=0.5518$。

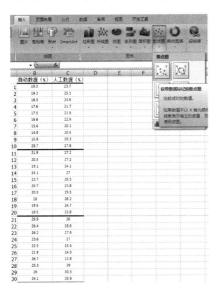

图 8.2　插入散点图

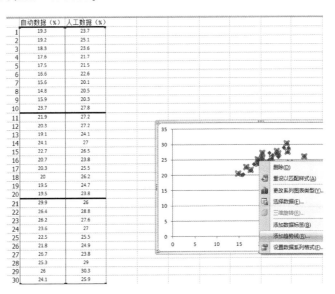

图 8.3　添加趋势线

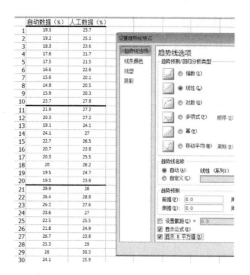

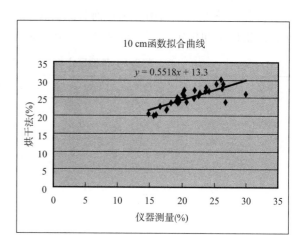

图 8.4   设置趋势线格式   图 8.5   拟合曲线

根据订正系数生成新的测量数据列,计算仪器测量与人工测定体积含水率的绝对误差。可以得到数据订正前的绝对误差平均值为 4.20%,订正后的绝对误差平均值为 1.25%。数据订正使自动观测数据更加接近人工观测数据。实际应用中,还要对某些异常的观测数据进行审核甚至是剔除,以保证对比数据及订正系数正确。

台站安装土壤水分设备之后按要求进行对比观测,对比数据量达到要求之后,按照图 8.2 中所示,将观测日期,自动观测数据以及人工观测数据分三列汇总为一个表,上传至大气探测技术中心,统一进行数据标定。

8.3   订正效果检验

检验标准:在完成田间标定工作后,需达到业务化检验标准,方能投入业务使用。

业务化检验标准的评价指标:人工观测土壤体积含水量值与器测土壤体积含水量之差的多次平均值的绝对误差 $\bar{\sigma}$ 小于等于 5%。

$$\bar{\sigma} = \frac{\sum_{i=1}^{N} | x_i - a_i |}{N}$$

式中:x_i 为仪器观测值;a_i 为人工观测值;N 为对比观测次数;$\bar{\sigma}$ 为人工对比观测土壤体积含水量多次平均值的绝对误差。

设备田间标定结束后,再连续人工对比观测 1 个月(不少于 6 次,遇 0~10 cm 土壤冻结顺延)用于业务检验,由各省(区、市)气象局负责对所辖范围内的自动土壤水分观测仪统一组织进行检验。

如果地下水位比较高,在人工取土过程中,如发现某一层已渗水,则该层及以下层次不再对仪器观测数据与人工观测数据进行评估,在人工观测时注意观测和记录。

　　若仪器未通过检验,分析查找原因,排除仪器故障原因后,对建立的标定方程参数进行完善,补充对比观测 1 个月后再次进行检验;若仍达不到检验标准,必须对仪器进行更换。

　　对比观测时间应不少于 6 个月,田间标定与检验应在 1 年内完成。

第9章　系统维护

　　系统的维护分为几个部分,分别是采集系统数据监控、硬件故障判断维护以及数据处理软件的使用。自动土壤水分观测站数据每小时 00 分 01 秒至 05 分 00 秒生成,并采取无线 GPRS 传输至省级气象局信息网络中心,再由省级信息网络中心将数据打包上传至国家气象信息中心。

9.1　采集监控渠道

　　台站工作人员可以通过两种途径监控本站土壤水分采集是否正常。

　　(1)安装土壤水分监控软件,该软件接收广东省气象局服务器转发过来的数据包并计算显示。具体安装见第七章。

　　(2)打开广东省大气探测技术中心业务监控网页 http://172.22.1.115/,选择"土壤湿度站监控",再选择"实时数据显示",查看站点的报文的上传时间和数据,如图 9.1 与图 9.2。每一行包含一个站点的站号、站名、最新上传时间以及各层体积含水率。上传时间是采集器发送来的报文中记录的时间,由于采集器时钟芯片以及网络授时延时等原因,每个站可能时间稍有差别。时间列表右面是一到八层的土壤体积含水率,该含水率是原始的数据扩大十倍显示,未经过任何数据订正以及换算。

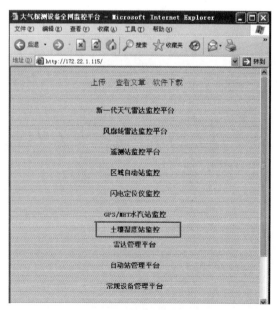

图 9.1　网络监控页面

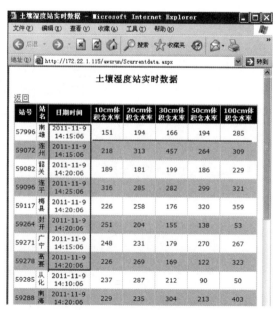

图 9.2　实时数据显示界面

9.2 采集系统故障

一旦出现系统故障,要分步骤排查故障原因。一般来说,故障排查流程如图 9.3 所示,也可以根据维护维修经验直接判断出故障的部分,然后通过观察和测量证实。对于不可现场恢复的故障,应该马上联系广东省大气探测技术中心,确定排除故障的方案。

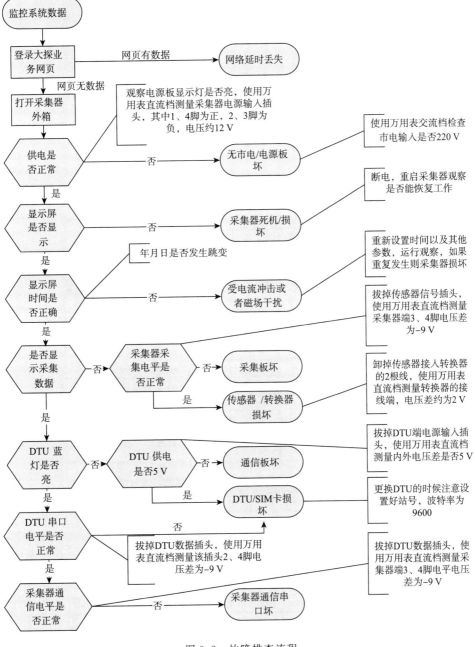

图 9.3 故障排查流程

当本地软件没有接收到数据,首先登录广东省气象局监控网查看是否有数据,如果网页上有数据说明设备工作正常,数据上传也正常,业务不受影响。本地软件接收不到数据是因为省局到本地内部网的网络延时以及 UDP 传输协议的性质决定的,如果缺的是重要的正点数据,可以通过从省局补调数据的方式重新获取,也可以在做报表的时候从广东省气象局 ftp 服务器下载整月的正点数据:ftp://172.22.1.115/,用户名 trsf。使用浏览器登录 ftp 服务器查看根目录下的文件夹情况如图 9.4。

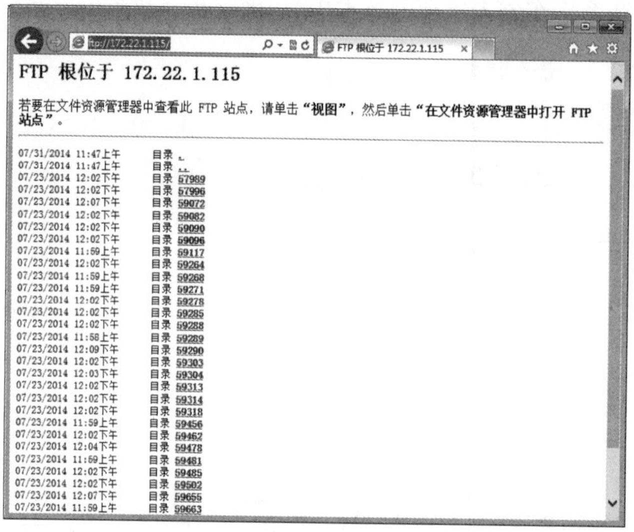

图 9.4　浏览器查看 FTP 服务器

土壤湿度站实时数据

站号	站名	日期时间	10cm体积含水率	20cm体积含水率	30cm体积含水率	40cm体积含水率	50cm体积含水率	60cm体积含水率	80cm体积含水率	100cm体积含水率
57989	仁化	2014-8-1 16:25:06	186	218	178	207	264	238	267	238
57996	南雄	2014-8-1 16:25:06	124	186	231	214	251	319	318	363
59072	连州	2014-8-1 16:20:06	124	233	261	288	274	276	398	268
59082	韶关	2014-8-1 16:25:06	81	93	98	110	114	171	204	246
59090	始兴	2014-8-1 16:25:06	61	107	149	222	222	271	361	404
59096	连平	2014-8-1 16:25:06	253	273	253	260	314	347	317	287
59117	梅县	2014-8-1 16:25:06	287	471	323	298	241	250	246	447
59264	封开	2014-8-1 16:25:06	179	167	209	216	195	160	60	121
59268	郁南	2014-8-1 16:25:06	157	269	340	260	271	358	321	315
59271	广宁	2014-8-1 16:29:06	91	124	179	262	334	219	206	289
59278	高要	2014-8-1 16:25:06	128	195	230	188	212	213	337	364
59285	从化	2014-7-30 16:25:06	44	145	184	207	213	186	224	204
59288	南海	2014-8-1 16:25:06	199	71	86	130	181	191	213	306
59289	东莞	2014-8-1 16:30:06	149	193	273	273	272	231	171	158
59290	龙门	2014-8-1 16:20:06	69	131	192	232	261	310	277	317
59303	五华	2014-8-1 16:25:06	150	251	392	407	393	416	334	417
59304	紫金	2014-8-1 16:25:06	6	233	320	360	356	334	384	333
59313	饶平	2014-8-1 16:25:06	268	229	290	330	351	346	327	219
59314	普宁	2014-8-1 16:25:06	124	264	252	164	152	152	146	384
59318	潮阳	2014-8-1 16:25:06	170	281	270	291	460	508	470	445

图 9.5　实时数据缺测示意图

　　如果省局监控网也没有数据,实时数据一行变成红色,如图9.5,说明有故障。打开采集器机箱,观察采集器是否工作,电源是否正常。如果采集器显示屏没有任何显示,使用万用表测量采集器供电输入,如图9.6,其中1、4脚为正,2、3脚为负,电压为直流12～14 V。如果供电电压异常,拔出插头,再测量一次,如图9.7,如果仍然是异常,则进一步测量交流220 V输入和电池电压,交流和电池电压都正常则可以确认是电源板故障。如果拔出插头之后测量值正常,说明采集器损坏导致负载短路,供电电压被拉低。

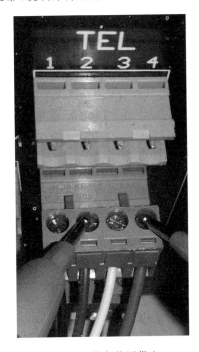

图 9.6　带负载测供电

图 9.7　不带负载情况下测供电

　　如果采集器有显示,观察第一行年月日是否正确,如果时间不变,采集器死机,可以尝试断电重启,看是否能重新工作,如果不能则需要更换采集器。如果年月日复位到2000年1月(图9.8),说明采集器时钟受到严重外部电磁干扰自动复位,进入采集器参数设置界面,重新设置时间以及发送时间、站号、观测要素打开等一系列参数,保存退出后运行观测。如果由于雷击或者断电造成,一般会重新正常工作,否则反复出现时间复位的情况,则需要检查电源接地是否符合要求,或者采集器故障需要更换。

图 9.8　采集器时间复位

　　如果采集器显示正常,查看观测数据是否正常。如果主界面上分钟数据全部缺测,(图9.9),拔出土壤水分信号线(如图9.10),测量采集器插座上的电压是否正常(3、4脚的电压约为−9 V)。如果测量电压正常,可以判断是传感器或者是传感器的隔离转换器(图9.11)故障。

图 9.9　观测数据显示缺测

图 9.10　测量采集信号输入端

图 9.11　信号隔离转换器

　　如果采集器显示观测数据也正常,则需要观察无线发送模块是否正常。DTU 的工作原理以及状态灯详细说明请查阅 4.3 节。如果 DTU 电源灯以及状态灯异常,测量 DTU 供电是否为 5 V,供电不正常,可以判断采集器内的通信板损坏;供电正常,则 DTU 损坏或者 SIM 卡损坏。如果 DTU 状态灯正常(图 9.12),测量 DTU 与采集器的信号连接插头(图 9.13),2、4 脚电压差为 −9 V 为正常,否则 DTU 串口损坏,3、4 脚电压差为 −9 V 为正常,否则采集器通信串口损坏。

图 9.12　DTU 状态灯正常

图 9.13　采集器与 DTU 通信测量

9.3 设备更换步骤

当设备确实发生了故障,必须及时更换,采集器更换步骤如下:

(1)将采集器供电插头拔掉,断开电源。

(2)将土壤水分的电源线,数据线,DTU 的电源线以及数据线插头拔下。

(3)用长杆十字螺丝刀松开右边的采集器紧固螺丝。

(4)左手托住采集器,用长杆十字螺丝刀卸下左边的采集器紧固螺丝。

(5)托住新采集器,使右边的螺丝口卡入紧固螺丝。

(6)托住新采集器,使左边的螺丝口对准铜柱,拧紧左边螺丝,拧紧右边螺丝。

(7)插上土壤水分的电源线,数据线,DTU 的电源线以及数据线。

(8)插上采集器供电插头,观察显示屏是否正常显示。

(9)采集器正常工作,按 ENTER+Ctrl 进入设置菜单,在参数设置界面将 PUSH 设置为 05,将 5 位数的站号设置好,将 SH 设置为 Y(图 9.14),按确定退出参数设置界面,按清除资料(图 9.15),再退回主界面。

图 9.14 正确设置采集器参数

图 9.15 清除内存观测数据

如果需要更换传感器,步骤如下:

(1)打开采集器机箱,拔出传感器供电插头(图9.16)。

(2)打开传感器的盖子,拔出接口板上的插头(图9.17)。

(3)将与插头连接的线压住,轻轻地往上提传感器杆(图9.18),如果阻力比较大,轻轻地转动传感器再往上提,不要用蛮力。

(4)完全提起来之后,观察是否有进水痕迹。

(5)将新传感器放进 PVC 管,插头接好。

(6)恢复传感器供电。

(7)如果需要更换单个传感器,更换方法见 3.2 节。

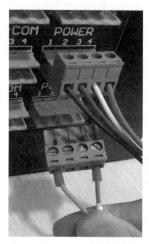

图9.16 拔出传感器供电

图9.17 拔出传感器电源及信号插头

如果需要更换 DTU,注意事项如下:

(1)要提前设置好新 DTU,设置方法见 4.3 节,波特率为 9600。

(2)将 SIM 卡更换到新 DTU 上时,注意保持 SIM 卡插口干净,SIM 卡与卡托放置规整(图9.19),以免 SIM 卡接触不良导致连接不上无线网络。

(3)更换 DTU 后观察一下看是否已经连接到无线网络,状态灯是否正常。

图9.18 信号线压住轻提传感器

图9.19 SIM 卡规整地放在卡托

9.4　监控软件故障处理

土壤湿度监控软件遇到故障时,通常表现为没有数据显示、没有报文生成。

排除故障的处理步骤如下:

(1)查看"自动站数据处理与显示终端"软件所在目录下的 XSMFILE 文件夹是否存有 XML 文件。

(2)如没有 XML 文件,可回到"自动站数据处理与显示终端"软件参数设置的"特殊项目观测设置"对话框。查看站号是否填写,土壤湿度复选框前面是否打勾。如果这两项设置皆正确,则需检查"自动站数据处理与显示终端"软件与"GPRS 数据分发"软件之间的通信。如果通信链路没有故障,则可判断是由于采集器采集缺测或 DTU 通信失败引发的故障。

(3)如存有 XML 文件,可判断故障可能是由于 XML 数据路径设置有误或者是站点参数设置不正确所致。正确设置完毕后继续观察。

(4)如果上述设置正确以及通信链路无误,则可判断故障是由于计算机操作系统缺少相关的 Windows 系统组件 msxml4.0.msi 所致,需要下载该组件,并安装到"自动站数据处理与显示终端"软件所在的计算机上。

9.5　报表软件使用注意事项

自动土壤水分观测报表系统在使用过程中要注意以下事项:

(1)台站参数的土壤水分物理常数项设置不正确,导致制作月报表错误。除了正确填写"土壤容重"、"田间持水量"以及"凋萎湿度"外,相应探测深度的传感器标示必须设置为 1。

(2)从 Z 文件载入数据时,正点文件必须达到一定数目(约为 400 左右)才能制作月报表。

(3)从 Z 文件载入数据时,无效性的正点文件不能太多。

参考文献

敖振浪,李源鸿,伍光胜,等,2001. Ⅱ型站设计[R].广州:广东省气象装备中心.

蔡耿华,邵洋,杨用球,等,2006. DZZ1-2型自动气象站的故障判断和维修[J].广东气象,(2):58-60.

董克飞,2012.自动土壤水分观测仪设备出厂质量控制报告[Z].上海:中国气象局上海物资管理处.

广东省大气探测技术中心.广东省自动土壤水分设备监控网[DB/OL]. http://172.22.1.115/awsrun/smenu.htm.

国家气象局,1993.农业气象观测规范[M].北京:气象出版社.

何延波,王良宇,2012.土壤水分自动站资料应用现状分析[Z].北京:国家气象中心农业气象中心.

河南省气象局,2011.自动土壤水分观测报表系统手册[Z].

黄飞龙,何艳丽,陈武框,2011. FDR土壤水分自动站三级标定的方法[J].广东气象,33(6):60-63.

黄飞龙,何艳丽,黄卫东,2010.亚运会比赛现场气象监测系统[J].广东气象,32(4):64-66.

黄飞龙,黄宏智,等,2011.土壤观测系统使用教程[Z].广州:广东省大气探测技术中心.

黄飞龙,黄宏智,等,2012.土壤水分探测系统开发[R].广州:广东省大气探测技术中心.

黄飞龙,黄宏智,李昕娣,等,2011.基于频域反射的土壤水分探测传感器设计[J].传感技术学报,24(9):
　　1367-1370.

黄飞龙,黄宏智,2011.土壤水分探测系统培训[Z].广州:广东省大气探测技术中心.

黄飞龙,李昕娣,黄宏智,等,2012.基于FDR的土壤水分探测系统与应用[J].气象,38(6):764-768.

黄宏智,2016.自动土壤水分观测监控平台操作说明书[R].广州:广东省气象探测数据中心.

黄振兴,2010.微波传输线及其电路[M].成都:电子科技大学出版社:120-150.

惠俭,2010.土壤水分传感器标定和安装[Z].北京:华云升达(北京)气象科技有限责任公司.

林华立,陈志强,张攀健,2010. WP3103型中尺度自动站的维护方法[J].气象水文海洋仪器,27(1):86-88.

刘作新,唐力生,2003.褐土机械组成空间变异等级次序地统计学估计[J].农业工程学报,19(3):27-32.

吕贻忠,李保国,2006.土壤学[M].北京:中国农业出版社.

唐力生,2010.土壤基本物理参数测定方法[R].广州:广东省气象局气候中心.

伍光胜,2007.区域站通信网介绍[R].广州:广东省气象装备中心.

杨志健,2011.自动气象站安装维护[R].广州:广东省大气探测技术中心.

张雪芬,2012.国内外自动土壤水分观测与观测规范[R].北京:中国气象局气象探测中心.

中国气象局,2008.关于贯彻落实〈中共中央关于推进农村改革发展若干重大问题的决定〉的指导意见[Z].

中国气象局,2009.农业气象观测质量考核办法[Z].

中国气象局,2009.现代农业气象业务发展专项规划[Z].

中国气象局,2007.中国气象局关于发展现代气象业务的意见[Z].

中国气象局监测网络司,2008.自动土壤水分观测仪功能需求书[Z].

中国气象局气象探测中心,2009.自动土壤水分对比观测规定[Z].

中国气象局气象探测中心,2009.自动土壤水分观测仪标定规程[Z].

中国气象局气象探测中心,2009.自动土壤水分观测仪出厂验收标定规程[Z].

中国气象局气象观测中心.综合气象观测运行监控系统[DB/OL]. http://10.148.9.194:8080/.

中国气象局综合观测司,中国气象局预报网络司.自动土壤水分观测数据传输格式及传输方案[Z].

中国气象局综合观测司,2004.地面气象观测业务技术规定[Z].

周钦强,谭鉴荣,李源鸿,等,2005. WP3103 GPRS改造后的通信与数据格式说明[R].广州:广东省气象计算
　　机应用开发研究所.

Sentek sensor technologies,2003. Access Tube Installation Training[R]. Australia.

Sentek sensor technologies,2004. EnviroSMART_EasyAG_RS232_RS485_Modbus_Manual[R]. Australia.

图 2.1　赤红壤

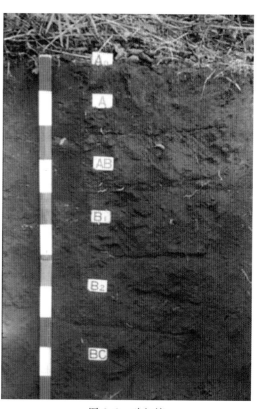

图 2.2　砖红壤

图 2.3　红壤

图 2.4　黄壤

图 2.5　变性土

图 2.6　紫色土

图 2.7　火山灰土

图 2.8　人为土